嶋津好生

〈はたらくことば〉の神経科学

からだはことばをはらむ

櫂歌書房

まえがき

　脳の働きを表す理論は、いくつかの神経回路網モデルを採用する。神経細胞集合体の活性状態ベクトルが時間の流れに従って変化する。これを神経回路網の賦活動態と呼ぶ。賦活動態は離散的時系列である。その根拠は脳の電磁界の周期的振動にある。脳内におけるアナログーディジタル変換の機序がここにある。大脳辺縁系や賦活系網様体にあるそれぞれの神経核は、大脳皮質にそれぞれ異なる神経伝達物質を送り込む。このことが、大脳皮質の同じ部位にいくつかの異なる神経回路網モデルを重ねて適用することを可能にする。神経核のはたらきについては、たとえばことばの産出を促す神経核は、発話は極めて情動的だから、情動を司る扁桃核と同じかあるいはそれに近接する神経核ではないかと考えている。

　　スティーヴン・ストロガッツ　SYNC —なぜ自然はシンクロしたがるのか　早川書房
　　梅田規子　ことば、この不思議なもの　冨山房インターナショナル
　　石川幹人　人は感情によって進化した　ディスカヴァー携書

　大脳皮質の異なる部位同士が連合して長期記銘となるためには、連合すべきその両部位が繰り返し同時に賦活される必要がある。このことは重要なポイントである。知覚―運動野を賦活制御する神経核があり、言語野を賦活制御する神経核がある。両神経核が瞬時に連合可能であることによって、大脳皮質両野の賦活を同時に繰り返し実行できるようになり、その両野の連合を長期記銘とすることができる。そうなれば、知覚野は言語野で名詞や形容詞として表象され、また、知覚野と運動野が統合学習を行った結果を使って、運動野は言語野で動詞として表象される。知覚野は外界を写し取るという意味で外界の鏡であるが、言語野は内界の知覚―運動野の鏡である。動詞を中心に据える言語の意味を問うならば、それは、効果器の制御までには及ばない、すなわち一次運動野の賦活を抑制した、知覚―運動野の賦活状態だと言えるだろう（仮想的運動意味論）。発話された言葉は自己にも他者にも新たな知覚対象となる。人間界は複雑な合わせ鏡の世界である。無意識的な知覚、運動、情動は、ことばが伴うことによって、意識的な感覚、認識・行為、感情となる。

　　月本　洋　上原　泉　想像　心と身体の接点　ナカニシヤ出版

本書の内容の初出論文を示す。各論文の背景には、面識はなくとも対話しているつもりでいた人々が居た。その人々の名を括弧付きで記している。立論の対象となる領域を知るのが容易になる。

1) 意味ネットワークの神経回路網モデル　九州産業大学工学部研究報告　第42号　2005
   意味ネットワークを神経回路網で構築する。
   (M. Spitzer　M・シュピツア)
   M・シュピツア　脳―回路網のなかの精神―ニューラルネットが描く地図　新曜社

2) コネクショニスト日本語理解システムの構成的研究―音声認識、分かち書き処理および同音異義語処理の実現　平成8年度九州産業大学共同研究成果報告書　1996
   この報告に含まれる日本文解析モジュールと日本文生成モジュールは下記の文献3)で詳細化される。また、ここでの表象獲得モジュールは言語系で閉じているが、下記の文献5)でその身体化を行い、システムが拡張されている。

3) コネクショニスト日本語理解システムにおける文解析と文生成　平成13年度九州産業大学共同研究成果報告書　2001
   (R. Miikkulainen　R・ミイックライネン)
   R. Miikkulainen　Subsymbolic Natural Language Processing　The MITPress

4) 計算論的神経科学から見て日本語の統語を再考する　九州産業大学工学部研究報告　第45号　2008
   (金谷武洋、月本　洋)
   金谷武洋　日本語に主語はいらない―百年の誤謬を正す　講談社選書メチエ
   月本　洋　日本人の脳に主語はいらない　講談社選書メチエ

5) ミラーニューロンを解釈する人工神経回路網モデル　九州産業大学工学部研究報告　第46号　2009
   知覚・運動系を組織化することで概念形成を行う。これと言語系がそれぞれの特徴地図どうしで連合することでシンボルの身体化が達成される。
   (simbol embodied grounding)
   (Giacomo Rizzolatti & Corrado Sinigaglia　ジャコモ・リゾラッティ＆コラド・シニガリア)
   ジャコモ・リゾラッティ＆コラド・シニガリア　ミラーニューロン　紀伊国屋書店

目　次

まえがき	1
第1章　意味ネットワークの神経回路網モデル	7
1・1　序論	7
1・2　神経回路網の自己組織化	7
1・2・1　知覚・運動野	7
1・2・2　神経細胞集合体	8
1・2・3　神経回路網モデル	8
階層型ネットの誤差逆伝播学習	8
エルマンネットの後続予測学習	9
自己組織化特徴地図	9
相互結合ネット	9
活性拡散モデル	10
ホップフィールドモデル	10
1・3　知覚・運動野における概念形成	10
1・3・1　ミラーニューロンと身体運動意味論	11
1・3・2　エピソード記憶	12
1・4　言語野における象徴の働き	12
1・5　考察	13
1・6　結論	14
文献	14
第2章　コネクショニスト日本語理解システムの構成的研究	17
2・1　序論	17
2・2　統合コネクショニストモデル	18
2・2・1　構成要素モジュール	18
2・2・2　モジュール間コミュニケーション	19
実行モード	19
学習モード	21
2・2・3　考察	23
2・3　日本文解析モジュール	24
2・3・1　格構造解析	24
2・3・2　学習方法	24
学習データ	25
単語系列の入力方式	25

	出力ターゲットの与え方	25
2・3・3	ネットワーク・アーキテクチャ	26
2・3・4	実験と評価	28
	実験方法	28
	実験結果	28
2・3・5	考察	32
2・4	表象獲得モジュール	32
2・4・1	DUAL	33
2・4・2	実験	34
2・4・3	考察	34
2・5	日本文生成モジュール	35
2・5・1	ネットワーク・アーキテクチャ	35
2・5・2	実験	37
	学習モード	37
	実行モード	39
2・5・3	考察	39
2・6	綴り方モジュール	40
2・6・1	ネットワーク・アーキテクチャ	40
2・6・2	実験	42
2・6・3	考察	44
2・7	形態素抽出モジュール	44
2・7・1	ネットワーク・アーキテクチャ	45
2・7・2	実験	46
2・7・3	実験結果	46
2・7・4	考察	48
2・8	辞書モジュール	48
2・8・1	ネットワーク・アーキテクチャ	48
2・8・2	実験	49
2・8・3	実験結果	50
2・9	コネクショニスト仮名漢字変換システム	52
2・9・1	モジュール間のコントロール	52
2・9・2	形態素抽出モジュールの変更	53
2・9・3	実行モード	54
2・9・4	実験	55
2・9・5	考察	55
2・10	結論	55
文献		56

第3章	コネクショニスト日本語理解システムにおける文解析と文生成	59
3・1	序論	59
	サブシンボリックパラダイム	59
	内語過程	60
3・2	ことばの表象	60
3・3	コネクショニスト日本語解析・生成システム	65
3・3・1	コネクショニスト複文解析システム	65
3・3・2	コネクショニスト複文生成システム	71
	語順の制御	75
3・4	結論	76
	言語カラム仮説	77
	文献	78
第4章	計算論的神経科学から見て日本語の統語を再考する	81
4・1	序論	81
4・2	日本語と英語の構文比較対照	81
4・3	コネクショニスト複文パーサ	83
4・3・1	JSPACの働き	84
4・3・2	SPECの働き	85
4・4	結論	86
	文献	86
第5章	ミラーニューロンを解釈する人工神経回路網モデル	89
5・1	序論	89
5・2	ミラーニューロンシステム	89
5・3	脳内統合学習システム（ILSIB）	92
5・3・1	リカレントネットワーク	92
5・3・2	リカレントネットワークの簡単化	93
5・3・3	ホップフィールドネットの短期記憶とリカレントネットの長期記憶	94
5・3・4	ホップフィールドネットの情報補完機能	94
5・4	結論	95
	文献	95
あとがき		97

第1章　意味ネットワークの神経回路網モデル

1・1　序論

　意味ネットワークとその活性拡散モデルは、心理学における連想実験からもたらされた。神経回路網モデルと安易に混同してはならない。理論としての歴史もシステム特性も別のものとして区別すべきである。しかし、連想ネットワークはわれわれが保有する知識の一つの顕れであり、また、ことばによる連想が意識された精神活動であることに疑いを差し挟むことはできない。そこで、意味ネットワークの神経回路網モデルを考えることができるなら、知覚、意志、感覚、思考、行動あるいはまた言語などの精神活動と脳との関係を探ることができるのではないかと考えた。本稿では、意味ネットワークを単なる連想の場と考えるのでなく、意識的な精神活動の座へと拡大解釈することになる。

1・2　神経回路網の自己組織化

　大脳にはおよそ二百億個の神経細胞が存在し、それらはそれぞれ一万個にも及ぶ別の神経細胞と結合しているというから、膨大な規模の回路網を形成していることになる。二百億個の神経細胞のうち一千万個が感覚入力受容の役割を、もう一千万個が身体運動制御信号出力の役割を担っている。回路網に対するこの入出力系列がその人の生涯を意味している。そして紆余曲折はあっても、とにかく生存を保ち得たからには、その入出力系列による神経回路網の自己組織化が十分に有効であったことを意味している。
　概念形成やパターン認識、行動計画の獲得や言語の発達などはその成果なのである。

1・2・1　知覚・運動野

　感覚入力は重要な入力情報である。神経回路網では入力細胞から幾筋もの階層型ネットが組み立てられ、低次から高次へ、パターン認識や概念形成など、一般性の獲得に利用されている。このような認識系は、神経回路網が、それによって

世界内存在として環境に適応しえた入出力系列に基づいて自己組織化した結果、期せずして獲得されたものである。

感覚入力だけでは認識系は形成できない。眼で追うとか、耳を傾けるとか、舌鼓を打つなどの表現があるように、視覚、聴覚、触覚、嗅覚、味覚などの感覚入力は、神経回路網の中で感覚野の活性化だけで意味をなしているのではない。縦糸と横糸のように、運動野の活性化と協働して意味を織りなしている。感覚は運動を伴い、また運動は感覚を伴うのである。

1・2・2　神経細胞集合体

神経回路網のモデルを考えるとき、例えば大脳を、はじめから一つの神経回路網モデルで考えるということはしないで、小規模の神経細胞集合体のさらなる集合体と考え、個々の小規模神経細胞集合体に神経回路網モデルを適用したもので組み立てる。

神経細胞集合体は二種類のベクトルと、一つの回路網構造体およびその学習則で表現される。ベクトルは、神経細胞活性値ベクトルとシナプス結合荷重ベクトルである。前者は集合体の瞬間々々の活性状態を表し、後者は回路網構造体の現状を表していて学習によって変化するものである。一つの神経細胞に他の細胞の活性値がシナプス結合を通して入力される。各入力に結合荷重を掛け、その総和を取って膜内電位とする。この細胞の活性値は、膜内電位を変数とするシグモイド関数で与えられる。神経細胞集合体活性値ベクトルは世界内存在として世界を切り取り写す鏡である。本稿では以下、活性値ベクトル表現を表象と称することにする。活性値ベクトル一つの表現を静的表象と称し、そしてその時間系列を動的表象と称する。

1・2・3　神経回路網モデル

回路網構造体とその学習則が神経回路網モデルを与える。学習則によってシナプス結合荷重が変化し構造体を変えるが、それは神経回路網の環境への適応や発達を意味する。よく使われる神経回路網モデルを紹介しておこう。

階層型ネットの誤差逆伝播学習

階層型ネットには誤差逆伝播学習則が適用される。入力層の表象がフィードフォワードに伝播して出力層で望ましい表象に変換されるように、実際の出力値と望ましい出力値との誤差を取り、この誤差が減少する方向に回路網の結合荷重

を少しずつ変えていく。一般性を獲得するには学習がゆっくり進まなくてはならない。

エルマンネットの後続予測学習

動的表象の一般性を獲得するのに同じく階層型ネットを採用するが、構造にフィードバックを組み込む必要がある。エルマンネットがその一例である。ある時刻の中間層活性値ベクトルを、次の時刻、入力層の一部としてフィードバックする。学習には、誤差逆伝播学習則が適用できる。このエルマンネットを使ってどうすれば静的表象の時間系列を学習できるだろうか。時間系列の中のある静的表象が入力されたとき、その後続の静的表象を望ましい出力として、すなわち、次に続く静的表象を予測できるように訓練するのである。学習が収束すれば、系列の最後が入力されたときの中間層の活性値ベクトルを保存することによって、時間系列をいつでも再現できる。後続予測学習のエルマンネットは、動的表象の一般性を獲得できるだけでなく、動的表象を静的表象に変換でき、かつ静的表象から動的表象を再現することができるのである。

自己組織化特性地図

次にKohonenの自己組織化特性地図を紹介する。自己組織化特性地図は入力層と競合層から成る。競合層は二次元平面上に配列された神経細胞群であり、細胞間は距離を持つ。入力層は静的表象を表す細胞集合体である。いろいろな静的表象が入力され続ける限り学習は継続されるのであるが、その学習アルゴリズムは、入力される度に最も強く活性化される細胞が決定されて、その近傍の細胞だけさらに強く活性化されるように結合荷重が少しずつ更新される。学習の進行に併せて学習率や近傍領域などのパラメータを次第に小さくしていくことで、結局、一つの静的表象が競合層の一つの細胞を活性化するようになるのだが、パラメータをそのように制御しなければ入力される表象同士競合しながら、類似性と頻度にしたがって領域を確保していく。類似した表象群は互いに近傍に集まり、また入力される頻度の高い表象は大きな領域を占めることになる。

相互結合型ネット

相互結合型ネットの活性拡散モデルとホップフィールドモデルにも言及しておこう。神経細胞集合体において、二つの細胞をどのように選んでもかならず双方向に結合があり、またどの細胞も自己ループを持たない、すなわち自己の出力を自己の入力とすることはないとき、これを相互結合型ネットという。

活性拡散モデル

　活性拡散モデルは、活性化された細胞からその活性値が結合方向にしたがって分散伝達されていき、いくつか細胞を経て拡散していくうちに活性値が消滅してしまうというものである。

ホップフィールドモデル

　ホップフィールドモデルでは、神経細胞の活性値は二つの値だけで、活性状態か不活性状態かを区別する。したがって出力関数は二値の階段関数である。有限個の細胞集合体ではその活性状態は有限で数え上げることができる。ホップフィールドモデルはそのうちのいくつかを記憶できるという。それは記憶すべき活性状態の集合から細胞集合体の結合荷重行列を決定することで可能になる。記憶過程は、記憶したい活性状態が現れる度に結合荷重行列を更新することで瞬時に実行される。モデルには活性状態更新規則が与えられている。任意の初期状態から更新規則を適用していくと、記憶されている活性状態のうち一番近い状態に収束して、それ以上変化しなくなる。これを想起過程という。

1・3　知覚・運動野における概念形成

　さていよいよ、からだやことばの大がかりなモデルづくりをはじめよう。概念形成は知覚運動野で行われる。感覚入力が静的表象のままで概念になることはないであろう。感覚入力の動的表象から一般性を獲得するため後続予測学習エルマンネットと自己組織化特性地図が働く。特性地図競合層の神経細胞は実は単一の細胞でない。その生物学的対応物は大脳皮質のコラムである。はじめ単一の細胞と見なした処理単位は相互に強い絆をもつ神経細胞のグループである。この処理単位に対して三つの神経回路網モデルを重畳適用することになるが、グループ内に別々の細胞が異なるモデルを分担すると考えればつじつまが合う。特性地図の処理単位は一般的概念を代表するが、その近傍の中に微小な違いを示す特定例の表象を数多く持っている。特性地図は概念の類似性を距離の近接性で示し、活性拡散モデルを適用することで意味ネットワークを表すことができる。特性地図の処理単位は意味ネットワークの結合関係で概念の内包を示すだけでなく、その近傍に特定例の集まりである外延を従えている。

第1章　意味ネットワークの神経回路網モデル

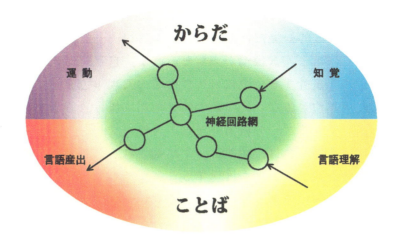

図1・3・1　知覚・運動野と言語野の連合

1・3・1　ミラーニューロンと身体運動意味論

　エルマンネットと特性地図の組み合わせを使って、次々にいくらでも高次概念の形成が可能である。すなわち、低次の動的表象を変換して獲得した静的表象を使って作られたより高次の動的表象を捉え、そこから一般性を獲得し高次の静的表象を形成することができる。言語野では格構造の統括成分である動詞象徴の表象が重要な働きをするが、その動詞象徴に連合すべき動作概念は本質的に動的表象であるから、エルマンネットと特性地図の機構はとても重要な役割を担っている。

　人の動作の意味を理解できるのは高次に形成された動作概念の働きである。動作概念には感覚入力から形成された周囲の状況と動作の動的表象が一緒に取り込まれている。また、動作概念からいつでも、それらの動的表象を再現することができる。このような認識系の高次レベルでは、人の動作と自分の動作とは微小な違いでしかない。認識系と身体運動系の共に高次の表象は同じ神経細胞が担っている。これをミラーニューロンという。認識系の仮想的身体運動は自らの実践的身体運動より先に形成される。模倣による実践的身体運動の獲得は仮想的身体運動の獲得の後からくる。実践的身体運動の仮想的身体運動による訓練は、一次運動野において行われる。一次運動野は身体運動制御信号を産出するところであるが、その神経回路網モデルとしては、コネクショニスト順序機械と別称されることもあるジョウダンネットが適役である。

1・3・2　エピソード記憶

　記憶できるのは一般的知識だけではない。エピソード記憶、すなわち特定例をそのまま記憶するにはどんな機構が必要だろうか。自己組織化特性地図にホップフィールドモデルを重畳する。複数の特性地図の処理単位を一つのホップフィールドモデルの処理単位とみなし、複数の特性地図に掛け亘る活性パターンを瞬時記憶させることができる。この機構で複数の活性パターンを短期記憶でき、活性拡散モデルの助けを借りれば、順序正しく想起される大きめの静的表象の時間系列、すなわち動的表象を、幾度も再現することができる。消滅しないうちにこれを繰り返し、後続予測学習エルマンエットを訓練して長期のエピソード記憶を形成することが可能である。

　モデルの重畳に関連して神経調節に言及しておきたい。神経細胞の働きには神経伝達のほかに神経調整の働きがある。その種の細胞は神経生物化学物質を放出して神経伝達全般に瀰漫性の影響を及ぼす。神経回路網モデルにおける、モデルパラメータの調節や学習過程と想起過程の切り換え、モデル重畳機構のモデル選択などは神経調整の作用である。

1・4　言語野における象徴の働き

　ことばは最高次の精神活動である。では、ことばの神経回路網モデルを紹介しよう。後続予測学習エルマンネットと自己組織化特性地図の機構によって、音声の周波数スペクトラムから音韻を、音韻系列から単語を獲得する。言語野は、音声から形成された象徴の表象を処理するところである。音韻の特性地図はたとえば、日本語と英語とでは当然違ってくる。単語の特性地図は知覚運動野に形成された概念の特性地図とヘッブ学習則によって連合する。ただし、単語は概念を担う概念語と格助詞とか助動詞とかの機能語に分けられ、知覚運動野にある概念の特性地図と連合するのは概念語のみである。機能語の表象は言語野において概念語の表象をあっちこっち転移させる機能を持っている。機能語の発達は言語野の発達に従う。これが語彙獲得の機構である。

　言語野の働きは音声に基づく象徴の表象を使って構文構造と格構造の相互変換を行うことである。理解過程では構文構造を格構造に、産出過程では格構造を構文構造に変換する。理解過程の出力と産出過程の入力は同じく、すべての格要素の格納場所を備えた細胞の集合体である。理解過程出力の動的表象で後続予測学習エルマンネットを訓練すれば複文構成規則を獲得する。言語野の主たる機能は

象徴の格認識にあるから、言語野の高次過程では、それぞれの格に対して別々に象徴の特性地図を持つことになる。そのそれぞれの特性地図が、概念の特性地図と連合していることは言うまでもない。すべての格の特性地図に掛け亘るホップフィールドモデルによって格構造の瞬時記憶を可能にし、複文を産出するときや特定文章を記憶するときに働く。

1・5 考察

われわれはこれまで、神経回路網モデルによる日本語理解・産出システムの構築を計ってきた。このシステムでは、理解部の出力および産出部の入力として格構造のあつまりを想定してきた。この格構造のあつまりを格構造パイルと称している。本稿は、新たにこの格構造パイルの座を神経回路網モデルで実現し日本語理解・産出システムを拡張したことになる。言語系が知覚・運動系に連合することになり、イメージに到る言語理解とイメージからの言語産出を可能にするシステムが視野に入ってきた。

本稿は大脳皮質の連合野のモデルを暗示している。特性地図群の垂直方向の結合は概念と象徴の長期連合を、水平方向の結合はホップフィールドモデルによる短期連合をもたらす。

概念と象徴の関係は、始まりとしては概念形成が先で、後で象徴と連合したものであろう。しかし社会性が進行することによって、言語を媒介とした概念の獲得が起こるようになる。すなわち、知覚・運動系の自己組織化によって概念獲得されていたものが、象徴の干渉によって知覚・運動系の組織化が起こるようになる。

本稿では、概念の脳内表象と象徴のそれとは別のものとした。ただし両者の連合はきわめて緊密である。言語系では音声に基づく象徴の表象が働く。先行する報告では両者を同一視していた。1) そう考えたのは Miikkulainen が提唱した FGREP モジュールの影響であった。FGREP モジュールは階層型ネットで構文構造を格構造に変換するものとして採用された。その学習課程は変換機能を達成するために、誤差逆伝播学習則によってシナプス結合荷重を変えていくだけでなく単語の表象そのものも変えていく方式である。学習が収束すると単語の概念の表象が獲得されているとされ、もっともらしい実験データも得られた。2) このことは言語がそれだけで閉じたシステムとして完成度の高いことの証左にはなるが、こんな考え方では依然としてシンボルグラウンディングが問題となる範囲にとどまっている。本稿では基本的に概念の獲得は知覚・運動系で行われるとして

おり言語系との連合のしくみも示している。したがって、先行報告において言語系だけで閉じたシステムで必要とされた格構造パイルの交差ユニットやリンクユニットは不要となる。またFGREP機構の限界を感じさせるタイプとトークンの識別問題も解消する。(本書の第2章および第3章の内容がここでいう「先行報告」の内容である。)

象徴には視覚によって認識される文字もあるが、本稿では音声に基づく象徴のみ考察した。われわれのことばを省察すると、音の感じなるものが存在すると考えるのももっともらしく感じられる。象徴の創成は恣意的であるが、象徴の音を選択するのにも概念との連合の際にそれなりの必然性があったのかもしれない。

本稿で採用した予測学習エルマンネットは、一般化を伴う知覚・運動経験の蓄積をもたらす。これは予測能力の獲得を意味する。最近、生態的知能の本性は予測能力であると主張される方が多い。本稿で提唱したことが支持されていると感じ心強いかぎりである。[3)4)]

1・6 結論

本稿で提唱した知覚・運動系における概念形成が、言語学の意味論の根底にあると考えられる。これを身体運動意味論と称しているが、今後これを精緻化していく必要がある。また、認知発達ロボティクスの課題はロボットブレインの構築を通して生命体の認知発達を解明することにあると考えられるが、知覚・運動系における概念形成や、群行動の社会性の中でのことばの創発など面白い課題が多い。

参考文献

1) 嶋津好生、本木 実:コネクショニスト日本語理解システムにおける文解析と文生成、平成13年度九州産業大学共同研究成果報告書、pp1〜16、2002
2) Miikkulainen, R.: Subsymbolic Natural Language Processing, An Integrated Model of Script, Lexicon and Memory, A Bradford Book The MIT Press, p47〜84, 1993
3) ジェフ・ホーキンス、サンドラ・ブレイクスリー著、伊藤文英訳:考える脳、考えるコンピューター、ランダムハウス講談社、pp99〜119、2005
4) 藤井直敬:予想脳、岩波科学ライブラリー111、岩波書店、pp35〜56、2005

Neural Network Model for Semantic Network

Abstract: A neural network model for the semantic network is proposed and is applied to the connectionist Japanese understanding and producing system. The sensory-motor system and the language system are connected on the artificial neural network and the ecological intelligence for the brain of the robot is realized.

Key words: Japanese understanding and producing system, Semantic network, Self organizing feature map, Self correlation Hopfield model, Predictive learning Elman network

第2章 コネクショニスト日本語理解システムの構成的研究

2・1 序論

　我々は過去4年間ほど、統合コネクショニストモデルによる日本語処理システムの構成的研究を続けてきた。自然言語処理・理解の研究は30年ないし40年の歴史があり主として記号処理の方法によってきたが、ニューロンによる自然言語処理の研究はまだ始まったばかりだと言える。我々の研究の目的はニューラルネットワークモデルのみを採用して日本語処理・理解システムを構築することである。自然言語理解を含む人工知能の研究の中にコネクショニズムの系譜がある。古くは活性化意味ネットワークなどの局所モデル、新しくはニューラルネットワークモデルを採用した分散モデルである。記号処理の方法、すなわちシンボリズムにおいては自然言語処理・理解のシステムはいくつかのサブシステムに分割される。我々の方法では、シンボリズムの成果をそのまま採用してそれらのサブシステムを学習機能をもつ適切なニューラルネットワークモデルで実現し、そしてそれらを1つに統合することによって、目的とする自然言語処理・理解システムを構築する。我々はこれを称して「統合コネクショニストモデル」と言っている。

　構築するシステムとして、はじめてのことでもあり比較的達成し易い目標を設定した。べた書きの仮名日本文を入力して意味を理解した上、単語に分かち書きしかつ仮名漢字変換できるシステムを構築中である。構成要素として6つのモジュールを用意した。辞書モジュール、形態素抽出モジュール、表象獲得モジュール、文解析モジュール、文生成モジュール、そして綴り方モジュールである。

　文解析モジュールは単語系列である単文を格構造に変換する。このネットワークアーキテクチャは階層型で、学習アルゴリズムは誤差逆伝搬学習則を基本とする。学習方法やアーキテクチャをいろいろ変えて学習・実行実験を繰り返して、日本文の格構造解析を行うのに最適な学習方法とアーキテクチャを求めた。現在さらに複文の格構造解析を行うアーキテクチャを考案中である。Miikkulainen(1993)の研究によれば、英文の解析モジュールは格構造解析のタスクを学習しながら同時に各単語が適応的に表現ベクトルを獲得していき、それが単語の意味を表現できるようになる。我々の実験によれば、日本文の場合文解

析モジュールによって単語の意味を獲得するのはむつかしかった。単語の意味を獲得するには別のモジュールを必要とした。我々はそれを表象獲得モジュールと呼んでいる。意味ネットワークを学習蓄積するDUALというモジュールを採用している。

文生成モジュールは逆に格構造から文を生成する。アーキテクチャにJordanネットを採用し、プラン層に格構造を入力する。さらに格フィラにアクセントを付ければ、強調のため倒置された文をも出力できるようになる。綴り方モジュールは単語の意味表現ベクトルからその単語の文字つづりを生成する。

辞書モジュールはKohonenの自己組織化特徴地図を3つ用いて実現する。読みの地図、漢字の地図、意味の地図をつくり、それらを3つどもえにHebb連合させる。形態素抽出モジュールは階層型ネットで実現する。べた書きの仮名日本文をシフト入力しながら入力層の中程にきた単語を抽出しその意味表現ベクトルを出力するように学習させる。

複数のモジュールをシステムの目的に応じて統合するのは解決すべき新しい技術的問題である。辞書モジュールと形態素抽出モジュールだけを統合して簡易型の仮名漢字変換システムを構築した。これがモジュール統合のはじめの試みである。

2・2 統合コネクショニストモデル

2・2・1 構成要素モジュール

一般に、統合コネクショニストモデルに基づいて開発されるモジュラPDPシステムの開発手順は次の通りである。

ⅰ) タスクを効果的にモジュールに分割する。
ⅱ) 構成要素モジュールを設計する。
ⅲ) モジュール間のコミュニケーションを確立する。
ⅳ) モジュールの訓練を行う。

本稿のシステムは次の5つのモジュールから構成される。

　　辞書モジュール　　　Lexicon
　　文解析モジュール　　Sentence Parser
　　文生成モジュール　　Sentence Generator
　　綴り方モジュール　　Speller
　　形態素抽出モジュール　Sentence Segmenter

表2・2・1に、各モジュールを構成するニューラルネットワークモデル、お

よび各モジュールの入出力情報を示す。

表2・2・1　構成要素モジュール

モジュール	（ニュートラルネットワークモデル）	入力	出力
辞書 モジュール	綴り地図　　　　　（Kohonen の特徴地図） ↑↓　　　　　（Hebb の連想ネット） 意味地図　　　　　（Kohonen の特徴地図）	単語綴りの固定符号 （両方向） 単語概念の適応表現	
文解析 モジュール	（逐次入力回帰 FGREP モジュール）	単語概念の 適応表現	各フィラの 適応表現
文生成 モジュール	（Jordan ネットワーク）	各フィラの 適応表現	単語概念の 適応表現
形態素抽出 モジュール	（バッファ入力 Elman の 　　　　単純回帰ネットワーク）	文字系列の バッファ	単語概念の 適応表現
綴り方 モジュール	（Elman ネットワーク） あるいは（Jordan ネットワーク）	単語概念の 適応表現	文字符号

2・2・2　モジュール間コミュニケーション

実行モード

　図2・2・1に実行モードのシステム構成図を示す。

　辞書は単語のつづりとその単語が表現する概念との間の双方向の連想記憶である。形態素抽出モジュールはべた書きのかな表記文のほぼ全体を一度に受け入れて、先頭の方から1語ずつ、識別された単語の概念を出力する。この出力が、辞書モジュールに意味地図を経由して入力されて綴り地図に対するプライミング効果をもたらす。図2・2・1のAに、最初、左詰めでかな表記文が格納されその後1字ずつ左にシフトされる。それをBが受ける。たとえば、

　　　　「こどもがこうえんであそぶ」

という文の場合Bの内容が、

　　　　「こ」
　　　　「こど」
　　　　「こども」

のように変わる。そのつど、辞書モジュールの綴り地図に照会されるのであるが、「こども」の入力の前と後とでは形態素抽出モジュールによるプライミング効果が異なるので「こども」の入力のときに「こども」の概念の活性度がピークになる。

このことから「こども」で分かち書きすべきことが分かる。Bは識別された単語ごとにクリアされて次の単語に備える。このように辞書と形態素抽出モジュールの共同作業によってべた書きかな表記文から概念表現された単語の時系列が作り出される。

　文解析モジュールはこの単語系列を受け入れて、文に含まれていた概念群の格の割り付けを行う。出力層は複数のアセンブリで複数のスロットを構成する。入力アセンブリには名詞や動詞などの自立語のみならず助詞などの付属語も現れる。出力層のアセンブリには自立語しか現れない。なぜなら日本語の場合、まさに助詞が格割り付けの機能をはたすのであり、格スロットに姿を現すことはない。

　上記の文の場合、「こども」の概念が主格であり「こうえん」、「あそぶ」のそれぞれの概念は、それぞれ位格、動作格に割り付けされる。これで文の意味の理解が成立する。分かち書きが正しければこの格構造への分析に破綻を来すことがない。

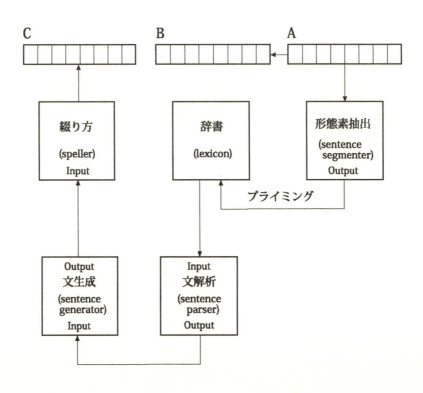

図2・2・1　実行モード

文生成モジュールは逆に、得られた格構造から単語概念の時系列を導き出す。そのためJordanネットを採用する。

綴り方モジュールは単語概念から単語つづりの文字の時系列を導き出す。このとき、モジュールが単語の区切りを示す記号を併せて出力するように訓練されていれば、このシステムは分かち書きを実行する。もし必要に応じて漢字の時系列を出力するように訓練されていれば、かな漢字変換を実行することになる。

学習モード

図2・2・2に学習モードのシステム構成図を示す。AとA'に、かな表記文とその分かち書きのための区切り情報を格納する。AとA'の内容を使って単語のつづりをBへ並列転送する。誤差逆伝搬学習則は教師あり学習である。目標出力であるターゲット（Target）と実際の出力との誤差をとって結合荷重の変更値を計算する。FGREPモジュールの拡張誤差逆伝搬学習則は入力パターンにも変更を加える。図2・2・1において、辞書以外のモジュールの出力端子への矢印はターゲットの提供を意味している。また、入力端子への両方向矢印は概念表現の入力と更新とを意味している。各モジュールは独立して並列に学習することができる。しかし同じ単語のつづりや概念表現を参照しなければならないので、出来ればモジュール同士タイミングを合わせた方が都合がよい。システムに学習文が1つ供給されるごとに、一定のタイミングですべてのモジュールが並列に学習する。

1) 辞書モジュール

辞書モジュールに採用されているニューラル・ネットワーク・モデルは、共に教師なし学習の特徴地図とHebb学習則である。このような場合、入力がある限り学習が続けられる。辞書には次の3種類の学習がある。

　　　綴り地図への単語つづり入力による自己組織化
　　　意味地図への概念表現入力による自己組織化
　　　綴り地図と意味地図の連合

単語つづりを綴り地図に入力してその活性状態を保ちつつ、さらに意味地図への連想を経て得られた概念表現を文解析モジュールや文生成モジュールへ入力する。これらのモジュールの学習の結果更新された概念表現を、まえもってクリアされている意味地図へ入力する。このときの両地図の活性状態に基づいて連合学習の処理を行う。

2) 文解析モジュール

一般にFGREPモジュールにおいては新しくターゲットが与えられるたびに誤差逆伝搬（Error Back Propagation）を起動する。

3) 文生成モジュール

　文解析のターゲット追加と同時に文生成の入力を追加していく。文解析モジュールの内部レジスタから転送する。ただし文生成の順伝搬（Activation）は、学習文の格スロットフィラ全部が揃うまで起動しない。

4) 綴り方モジュール

　綴り方モジュールの入力は文解析モジュールの入力と同時に獲得できる。ターゲットの文字コードはBに並列転送された単語つづりをレジスタCを経由して与えられる。

5) 形態素抽出モジュール

　ターゲットは辞書を参照して得られた概念表現である。文解析モジュールの入力と同時に獲得して、形態素抽出モジュールの内部レジスタに必要なだけの期間保持される。

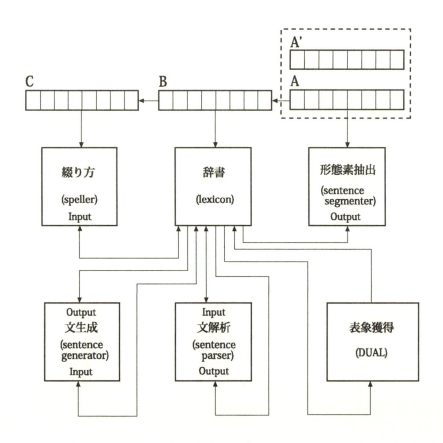

図2・2・2　学習モード

2・2・3 考察

コネクショニスト自然言語処理システムのモジュール間コミュニケーションは、実行モードにおけるモジュール間のシーケンシャルな情報伝達であり、また学習モードにおける辞書モジュールとFGREPモジュールによって実現されている他のモジュールとの間の適応表現のやりとりである。この適応表現は実行モードにおいてもモジュール間を潜在的に結合している。

コネクショニスト・モデルによって自然言語処理システムを構築するとき大変重要なことが学習データの作成である。システムを訓練するのに最大限よく考慮されたシラバスが必要である。訓練によってシステムを健全に成長させるために易しい学習文から難しい学習文の集合体へと段階を経て提供する必要がある。学習文を作る方法には2つ考えられる。

　　　　　文法を提示して文を生成する方法
　　　　　　文のテンプレートを示して当てはまる具体的な文を生成する方法

また学習文の自動生成を行う場合意味の通らない文を削除する方法が問題である。我々は当面、格助詞のはたらきを学習させることに目標をおく。

文字のビジュアルイメージを反映する文字コードを使うことができたら、本稿のシステムで仮名漢字混じり文の分かち書きを試みることができる。日本文においては漢字のビジュアルイメージがその分かち書き処理を容易にしていると思われるが、このシステムでも同様の現象を観測できるはずである。べた書きのかな表記が音声言語理解の一過程だと言えるならば、本稿のモデルは音声言語理解の認知モデルだと見なすことができる。またモジュールを増やすことによって、より高次の認知処理を含む統合的な日本語理解システムへと発展させることができる。将来、構築したシステムを使って日本語学習実験を多く繰り返せば、ニューロを通して見た日本語の特徴が見えてくるだろう。また、たとえば英語と日本語とでそれぞれのコネクショニスト自然言語処理システムを構築するとして、その結果はたして同じ構造の統合コネクショニストモデルでよいのか、それとも異なってくるのか興味がある。

本稿のモデルは自然言語理解など高次の認知過程を解明する一つの認知モデルとして提案するものであるが、構築したシミュレーションプログラムによるシステムの性能評価の如何によっては、ワープロの文章作成や汎用コンピュータへの日本語入力における仮名漢字変換処理に実用技術として採用できる可能性がある。

2・3 日本文解析モジュール

2・3・1 格構造解析

　文解析モジュールは我々が普段用いている自然な文の単語系列を格構造へ変換する。自然文の単語系列は構文論的規則に従い、格構造表現は単語間の意味論的な関係を表し人間の頭の中にある発話以前の文の原型とも言うべきものである。文解析モジュールはこれら構造間の変換をタスクとして請け負う。そして可能ならば、このタスクの学習を通じて同時に各単語の意味表現ベクトルを獲得する。
　格構造解析には次に挙げる3つの要素が影響する。

　　　　　語順
　　　　　意味による制約
　　　　　自立語の語尾変化や付属語の働き

　英語の場合、語順の働きが大きいのに対して、日本語の場合ほとんど普通付属語と呼ばれている格助詞の働きによる。そのほか日本語の特徴として、付属部が主要部に先行するという厳格な規則性がある。名詞節（名詞＋格助詞）の場合、名詞が付属語で格助詞が主要部である。
　文解析モジュールを構成するには学習方法とネットワーク・アーキテクチャについて考えなければならない。

2・3・2 学習方法

　ネットワーク・アーキテクチャは階層型ネットで、学習アルゴリズムは誤差逆伝搬学習則を基本とする。したがって学習方法として考えなければならないことは次の通りである。

　　　　　学習データ
　　　　　単語系列の入力方式
　　　　　出力ターゲットの与え方

表2・3・1 学習に使用した単語

名詞	(15個)	少年、少女、男、女、犬、猫、餌、棒、パン、弁当、服、花、公園、庭、家
動詞	(10個)	叩く、殴る、見る、食べる、遊ぶ、走る、歩く、買う、愛する、着る
助詞	(4個)	は、が、を、で
その他	(1個)	。

学習データ

　表2・3・1に示した単語、すなわち名詞15個、格助詞4個、動詞10個を使って、自立した意味を持ち不自然さを感じさせない単文を作成して入力学習文とする。各学習文に対する出力ターゲットとなるべき格構造は手作業で作成する。格の種類は、主格、対格、道具格、位格、道具格の6つを考えている。

単語系列の入力方式

　日本語の場合、語順とは逆に文尾から文節単位で逐次入力する。このことは構文論上主要部が後方に回されるという日本語の特徴を反映している。また、文節単位逆順入力方式が最良であることは、全並列入力も含め他の入力方式についていままで実験をかさねてきて確かめた結果でもある。

出力ターゲットの与え方

　学習モードにおいて、1文中の逐次入力される自立語に対して出力ターゲットを与えるタイミングを考えなければならない。

1) 完全予測学習

　　はじめから入力文中の自立語のすべてをターゲットとして与え続ける。すなわち、実行モードにおいて最初の自立語を入力しただけで出力層には、いわば文全体の内容が予測され出力されるように学習させる。

2) ゲート作用学習

　　入力文の現在入力中の自立語に対応してそのつど同じベクトルのみターゲットとして与える。すなわち、実行モードにおいて入力中の自立語のみがそのつど適切な格スロットに出力されるように学習させる。

3) スロット保持学習

入力文の現在入力中のものを含め過去に入力された自立語のベクトルをすべてターゲットとして与える。すなわち、実行モードにおいて、新たに自立語を入力するたびに出力格スロットが新たにまた1つ埋まるように学習させる。

2・3・3 ネットワーク・アーキテクチャ

5通りのネットワーク・アーキテクチャを考えてそれぞれ学習・実行実験を行った。すべてのアーキテクチャに共通するところから説明する。入力層や出力層は単語のベクトル表現をのせる部分に分割される。それをアセンブリと呼び12ニューロン・ユニットで構成する。入力層は2アセンブリから成り格助詞と自立語をのせる。出力層は6アセンブリから成り6つの格スロットを与える。採用されたアーキテクチャはMiikkulainanのFGREPモジュール、Elmanの文脈層、Jordanの状態層などである。FGREPモジュールの学習アルゴリズムは誤差逆伝搬学習則を拡張したもので、入力表現をも学習によって更新する。このようにして得られた表現を適応表現と呼ぶ。したがってFGREPモジュールが採用されるとき各単語ははじめにランダムな表現を与えられて学習を始める。

次に5つのネットワーク・アーキテクチャのそれぞれについて説明する。
1) 入力層の自立語アセンブリと格助詞アセンブリはそれぞれ別の中間層を持つ。前者はElman文脈層、後者はJordanの状態層である。また、自立語アセンブリのみFGREPモジュールを形成する。したがって自立語は適応表現、格助詞は固定表現である。
2) 入力層の自立語アセンブリは直接出力層に結合される。格助詞アセンブリはJordan状態層を中間層として持つ。自立語も格助詞も固定表現である。
3) 入力層の自立語アセンブリは直接出力層に結合される。格助詞アセンブリはElman文脈層を中間層として持つ。また、格助詞アセンブリのみFGREPモジュールを形成する。したがって自立語は固定表現、格助詞は適応表現である。
4) 中間層を2層にした。1番目の中間層について、自立語アセンブリと格助詞アセンブリはそれぞれ別のElman文脈層を中間層として持つ。2番目の中間層は唯一のElman文脈層から成る。自立語アセンブリ、格助詞アセンブリ共にFGREPモジュールを形成する。したがって自立語、格助詞共に適応表現である。
5) ネットワーク構成は4)と同じである。ただし、入力層は自立語アセンブリのみFGREPモジュールを形成する。したがって自立語は適応表現、格助詞

は固定表現である。

　ここで、自立語の固定表現は独立した表象獲得モジュールによって学習獲得された表現ベクトルを使い、格助詞の固定表現は適当な局所表現ベクトルを与えて使う。上記の5つのアーキテクチャのうち4)のみ図2・3・1に示す。

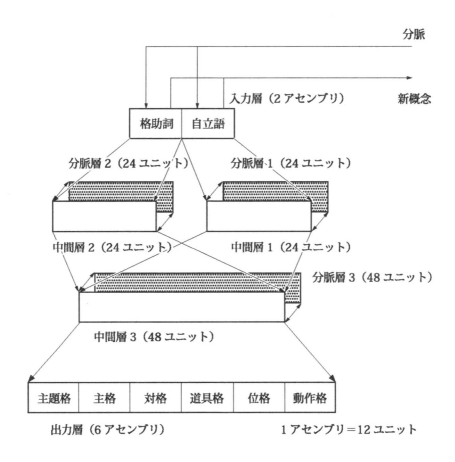

図2・3・1　文節単位逐次入力方式 IV

2・3・4　実験と評価

実験方法

　各アーキテクチャにおいて、日本文の単語系列を入力して格構造を出力するというタスクを学習するとき、その学習の収束状況を調べるために、出力層のrms誤差や格構造変換の正答率を求め学習回数に対する変動曲線を描く。また、タスク実行の汎化能力を調べるために、学習文の集合に含まれていないテスト文を使って正答率を求める。

　自立語が適応表現の場合、単語の意味が獲得されたかどうかを検証するために、学習収束後の表現ベクトルについて階層型クラスタ分析を行う。学習・実行や評価のための実験方法の詳細は次の通りである。

1) 実験に使用する各単語に12次元ベクトルを割り当てる。適応表現の場合は初期値としてランダム・ベクトルを与える。ネットワークに589個の学習文を完全予測学習、ゲート作用学習、スロット保持学習の3種類の学習方式で200回学習させる。

2) すべての学習文を1回通すごとに、学習・実行の2つのモードでそれぞれ1自立語入力ごとにターゲットに対する出力層rms誤差を求めて記録する。学習・実行実験終了後、誤差曲線を描いて学習の収束状況を評価する。

3) 実行モードにおいて1自立語あるいは1文入力する度に、各格スロットごとにアセンブリの出力ベクトルと辞書にあるすべての自立語の表現ベクトルとの距離を求め、最短距離にある単語に基づいてネットワークの正答率を求め記憶する。実験終了後、学習回数に対する正答率の変動曲線を描き学習の収束状況を評価する。

4) 学習終了後、学習に使われなかった21個のテスト文を入力してタスクを実行し正答率を求めて汎化能力を評価する。

5) 自立語を適応表現とした場合、学習により獲得された表現ベクトルについて階層型クラスタ分析（ユークリッド距離、最短距離法）を行い意味獲得の成否を評価する。

実験結果

　ここでは実験結果のうち最良の結果を出した、アーキテクチャ4)、スロット保持学習の場合のデータを示す。

第2章 コネクショニスト日本語理解システムの構成的研究

文節単位逐次入力方式IV・スロット保持学習

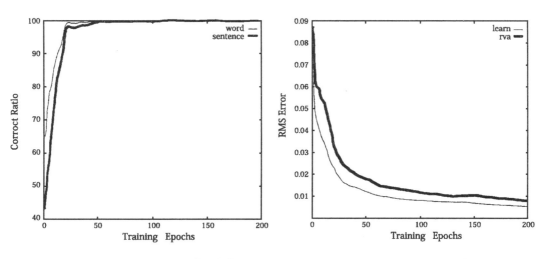

図2・3・2 正答率による学習曲線　　　図2・3・3 rms誤差による学習曲線

表2・3・2 学習文による正答率（単語）

単語	正答率（％）	単語	正答率（％）	単語	正答率（％）
null	100.0	―	―	―	―
少年	100.0	少女	100.0	男	100.0
女	100.0	犬	100.0	猫	99.5
餌	100.0	パン	100.0	弁当	100.0
服	100.0	花	100.0	公園	100.0
庭	100.0	家	100.0	棒	100.0
叩く	100.0	殴る	100.0	見る	100.0
食べる	100.0	遊ぶ	100.0	走る	100.0
歩く	100.0	買う	100.0	愛する	100.0
着る	100.0	―	―	―	―

表2・3・3　学習文による正答率（文）

単語	正答率（%）	単語	正答率（%）	単語	正答率（%）
null	100.0	—	—	—	—
少年	100.0	少女	100.0	男	100.0
女	100.0	犬	100.0	猫	99.1
餌	100.0	パン	100.0	弁当	100.0
服	100.0	花	100.0	公園	100.0
庭	100.0	家	100.0	棒	100.0
叩く	100.0	殴る	100.0	見る	100.0
食べる	100.0	遊ぶ	100.0	走る	100.0
歩く	100.0	買う	100.0	愛する	100.0
着る	100.0	—	—	—	—

表2・3・4　テスト文による正答率（単語）

単語	正答率（%）	単語	正答率（%）	単語	正答率（%）
null	100.0	—	—	—	—
少年	87.0	少女	100.0	男	100.0
女	100.0	犬	100.0	猫	100.0
餌	100.0	パン	100.0	弁当	100.0
服	100.0	花	100.0	公園	100.0
庭	100.0	家	100.0	棒	100.0
叩く	100.0	殴る	100.0	見る	100.0
食べる	100.0	遊ぶ	100.0	走る	100.0
歩く	100.0	買う	77.8	愛する	100.0
着る	100.0	—	—	—	—

表2・3・5　テスト文による正答率（文）

単語	正答率（%）	単語	正答率（%）	単語	正答率（%）
null	100.0	—	—	—	—
少年	82.4	少女	100.0	男	100.0
女	100.0	犬	100.0	猫	99.5
餌	100.0	パン	100.0	弁当	100.0
服	100.0	花	100.0	公園	100.0
庭	100.0	家	100.0	棒	100.0
叩く	100.0	殴る	100.0	見る	100.0
食べる	100.0	遊ぶ	100.0	走る	100.0
歩く	100.0	買う	100.0	愛する	100.0
着る	100.0	—	—	—	—

第 2 章 コネクショニスト日本語理解システムの構成的研究

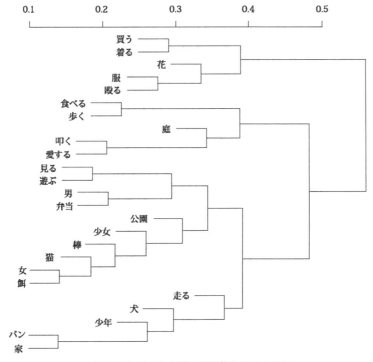

図 2・3・4 自立語の階層的クラスタ分析

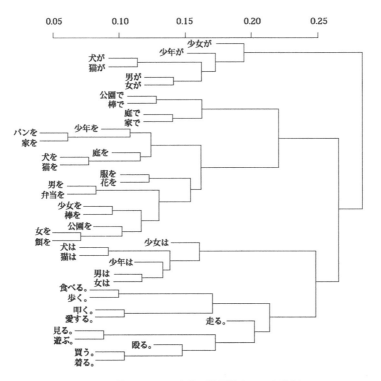

図 2・3・5 文節の階層的クラスタ分析

2・3・5 考察

1) 日本語の格構造解析というタスクに対して、アーキテクチャ4)でスロット保持学習を行うのがもっとも良い成績を修めた。
2) 日本語の場合、文解析モジュールで自立語の意味を学習獲得するのは困難である。したがって、日本語理解システムには別に表象獲得モジュールが必要である。
3) 図2・3・5に示すように、名詞と格助詞（動詞と読点）のベクトル表現をつないで階層的クラスタ分析を行った結果、格助詞で大きくクラスタリングされ、また、それぞれのクラスタの中で正確に名詞によるクラスタリングがなされている。名詞節において名詞より格助詞の方が主要部であることを定量的に示し得たこと自体、極めて画期的である。

2・4 表象獲得モジュール

文解析モジュールでは単語の意味の学習が困難であったため、新たなアーキテクチャで意味を学習させる必要がある。ここではDUALアーキテクチャを使った仮想分散意味ネットワークを利用する。

図2・4・1に示すような意味ネットワーク（Semantic Network, SN）は次の2点において多くのPDPモデルで使われているマイクロフィーチャ（micro feature, MF）より優れている。

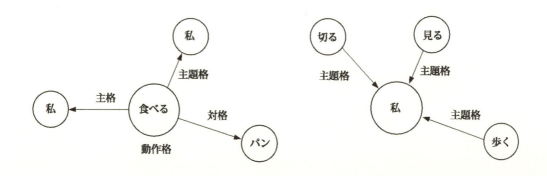

図2・4・1　意味ネットワーク

1) SN のノードは意味的に役立つ属性のみを持つ
　SN の 1 ノードは少数のリンクしか持たないのに対し、MF は各ベクトルが全ての属性を記述しなければならない。
2) 入れ子構造と再帰的構造の表現
　SN では入れ子構造や再帰的構造の表現が可能なのに対し、MF はそれができず、混乱した表現しかできない。
DUAL アーキテクチャは SN を PDP モデルで実現するものである。

2・4・1　DUAL

　DUAL アーキテクチャを図 2・4・2 に示す。DUAL は 2 つの PDP ネットワークから成る。ひとつを短期記憶（short term memori, STM）といい、もうひとつを長期記憶（long term memory, LTM）という。STM は SN の 1 つのノードに関してその属性と属性値とを入出力として誤差逆伝搬学習し、LTM は STM の学習が収束した時の結合荷重を入出力として自己連想するよう学習する。そのノードを表すベクトルは学習が収束した時の LTM の中間層活性度ベクトルである。

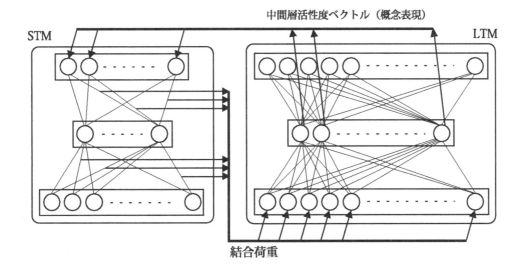

図 2・4・2　DUAL ネットワーク

2・4・2 実験

　第3章で使用した学習データの格構造表現をもとに意味ネットワークを作る。
　主題格や動作格などの格スロットは唯一つ1をとりそれ以外は0となる2値ベクトルで表し、図2・4・1に示すように注目される単語が動詞か名詞かによってリンクされる方向が異なるため、これを表すビットを一つ立て、7次元の2値ベクトルを与える。格フィラすなわち単語には初期値としてランダムなベクトルを与える。STMの入力は格スロット、ターゲットデータは格フィラで、学習が収束するまで学習を行う。学習が収束するとSTMの結合荷重をLTMへの入力およびターゲットとして与え、自己連想学習を行なう。LTMの学習が収束した時の中間層活性度ベクトルの値がその単語（図2・4・1における動作格である「食べる」など）の概念ベクトルになる。学習が収束した後、各々の単語が持つ概念ベクトルを階層型クラスタ分析によって分析する。

2・4・3 考察

　階層型クラスタ分析の結果を図2・4・3に示す。大きく動詞と名詞にクラスタリングされている。各々、多少混乱しているもののほぼ単語の意味を捉えているといってよい。
　意味学習にDUALは適しているが問題も抱えている。新たな単語が加わるとSNを作り直す必要があり、再学習しなければならない。

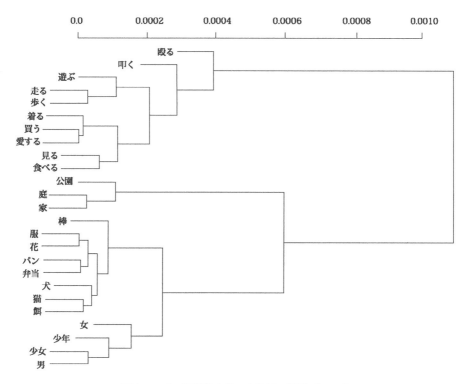

図2・4・3　階層的クラスタ分析の結果（DUAL）

2・5　日本文生成モジュール

　文生成モジュールは文を形成する格構造表現を単語系列に変換する。文生成モジュールが格構造表現を単語系列に変換する過程で格助詞などの機能語が生成されなければならない。この機能語の生成をニューラルネットワークの学習を通して実行できるようにし、自然な文が出力されることを期待する。

2・5・1　ネットワークアーキテクチャ

　文生成モジュールはJordanネットワークで構成される。その概要図を図2・5・1に示す。文生成モジュールのプラン層には格構造表現を入力する。入力される格構造表現は各格スロットに自立語を表現する概念ベクトルを入力する。その例を図2・5・2に示す。現在格スロットとして用意しているのは、主題格、主格、対格、道具格、位格、動作格の6つである。文に存在しない格の格スロットには存在しない格として各ユニットの値を0とする。

〈はたらくことば〉の神経科学

　出力は、1文を文節単位（自立語の概念表現ベクトル＋機能語のベクトル）で逐次出力するものとする。現在使用されている機能語は「は」「が」「を」「で」の4つの格助詞であるが、これに文の終わりを示す読点「。」をネットワーク上では語と同等に扱うことにしているので全部で5つある。

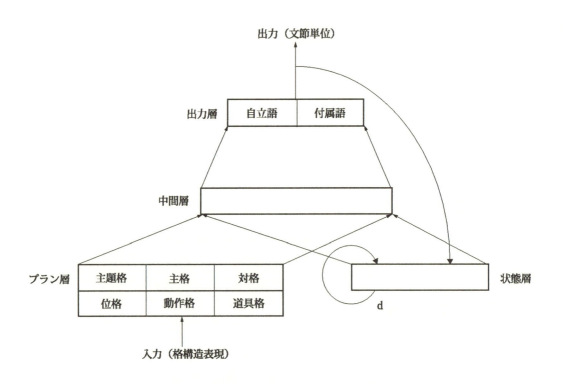

図2・5・1　Jordan ネットワークによる文生成モジュール

少年	少年		公園	遊ぶ	
主題格	主格	対格	位格	動作格	道具格

図2・5・2　格構造表現

2・5・2 実験

1) 学習用の格構造表現を入力し、1文を構成する単語の表現ベクトルを語順にしたがって文節単位で逐次出力するように学習を行う。
2) 学習が収束したならば実行モードでテスト用の格構造表現をネットワークに入力する。この出力を後に示す評価方法によって評価することによりネットワークの汎化能力を調べる。
3) 実験に用いた格構造表現は表2・3・1の単語表現を用いて得られた344個の格構造を用いる。
4) 格構造表現から159個を学習モードに用い、185個を実行モードにおける評価用とする。

学習モード

学習モードでは格構造表現と出力されるべき文の関係をネットワークに提示することによって学習を行う。ここで注意しなければならないのは文の倒置に関する問題である。Jordanネットワークには格構造から文を生成することを期待するが、Jordanネットワークでは、同じ入力から複数の系列を作り出すようなことは出来ない。これを文生成モジュールにあてはめると以下のような問題に気づく。図2・5・2に示すような

　　　主題格　少年
　　　主格　　少年
　　　位格　　公園
　　　動作格　遊ぶ

という格表現に対して、生成される文の形として期待出来る表現として

　　　少年は公園で遊ぶ
　　　公園で少年は遊ぶ

という2つの表現が考えられるが、学習の際にどちらか一方の表現に統一しておく必要がある。統一しない場合のネットワークの出力は、学習時の文の出現率に応じた意味ベクトルの平均となって出力される。

現在表3.1の単語から611文を作り、文解析モジュールの学習などに使用している。しかし文生成モジュールでは倒置を含む文を学習させた場合、学習が収束しなくなるので、倒置によって一つの文のみを使用することにした。このことによって実験に使用した文は344文となった。学習モードでは、入力に159個の格構造表現を、それぞれの格表現に対応する159文を教師データとして使用した。

学習が収束したならば学習モード時に用いた格構造表現159個をネットワークに提示することにより正答率を確かめる。この場合の正答率とは出力される文が教師データと同一であるかどうかを確認することによって行う。この正答率が高い（95％以上）を示しているなら中間層の値を少なくし再度実験を行う。なおネットワークの各パラメータはいろいろ変更して実験を行ったが、その中で最も適当と考えられるものは以下のとおりであった。

　　　学習率　0.4
　　　慣性項の係数　0.3
　　　シグモイド関数の傾き　0.5
　　　状態層の残存率　0.8

　プラン層のユニット数は1単語12ユニットで表現されており6つの格スロットがあることから72ユニットとなり、出力層は自立語＋機能語の2アセンブリで表現されるので24ユニットとなる。中間層のユニット数は、200、100、50、30、20ユニットの5種類の実験をそれぞれ行った。学習回数の上限は1000回とした。

　学習過程における自乗誤差の推移について中間層のユニット数が30ユニットの場合と20ユニットの場合をそれぞれ図2・5・3、図2・5・4にそれぞれ示す。すべての誤差曲線が同じ傾向を示したが、30ユニットの場合は自乗平均誤差が約0.01で収束し、20ユニットの場合は約0.03であることがグラフから読み取れる。なお200ユニットの場合は約0.02程度であった。この差は次の正答率に現れ、学習1000回時における学習パターンに対する正答率は中間層のユニット数が200ユニット、100ユニット、50ユニット、30ユニット、において100.0％であり、20ユニットの場合は91.88％であった。このことから現在の格構造表現の範囲及び単語数では中間層のユニット数は30ユニットが適切であるといえる。

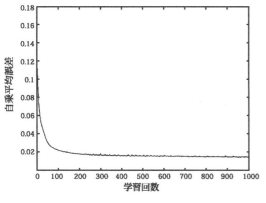

図 2・5・3　自乗誤差の推移
中間層のユニット数 30 ユニット

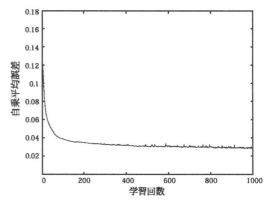

図 2・5・4　自乗誤差の推移
中間層のユニット数 20 ユニット

実行モード

　実行モードでは、学習モードで使用しなかった 185 個の格構造表現をネットワークに入力し、出力される文を次のような評価方法によって評価する。
1) 出力される単語が格構造表現に含まれる単語と同一の単語である。
2) 出力される格助詞が適切なものである。
3) 出力される語順が適切なものである。
以上の 3 点を確認することによって文生成モジュールの汎化能力を調べる。この確認を行った結果、評価用の 185 個の格構造表現に対して中間層のユニット数が 200、100、50、30 ユニットの場合 99.71％の適切な出力を得ることができ、20 ユニットの場合は 91.01％であった。

2・5・3　考察

1) 文生成モジュールによって格構造表現から単語系列に変換される際に与えられた格構造表現から正しい機能語が生成されなければならない。今回の実験から文生成モジュールにこの能力があることが確認できた。
2) また主題格かつ主格をもった格構造表現では、主題格をもった単語に格助詞として「は」を付加し、主格のみを持つ格構造表現では「が」を付加する能力についても確認できた。
3) 実行モードにおいて使用した格構造表現は学習時には使用していない、ニューラルネットワークにとっては未知の表現であるが、正しい文が 99％以上の確率で生成され、文生成モジュールが高い汎化能力をもっていることを確認することができた。

4) 現在の文生成モジュールでは倒置を含むような文を生成できない。これは文を生成する際に格構造表現のみを用いるためである。倒置を含むような文を我々が使う場合は何らかの強調を行いたい場合であり、文生成モジュールに格構造表現とは別の情報を付加すれば倒置を含む文を生成できると考える。

5) 今回の実験では学習時に用いた格構造表現と実行時に用いた格構造表現の数はほぼ同数であったが、この比率を学習時により少なくして、どの程度まで学習パターンを減らしても汎化能力が維持できるのか検討する必要がある。

2・6　綴り方モジュール

　綴り方モジュールは、階層型ニューラルネットワークを採用し、単語の意味ベクトルを入力して文字綴りを逐次出力する。従来、辞書モジュールにおいて自己組織化特徴地図を用い単語の仮名綴りや意味の情報を特徴地図上に写像しそれら地図同士をHebb連合させることで、単語の仮名綴りと意味の相互変換を実現した。またそこから単語の意味情報を引き出したり、逆に意味情報から仮名綴り情報を引き出すことができた。綴り方モジュールは、辞書モジュールとは別に単語に関する意味情報を階層形ネットワークに記憶できることを期待するものである。

2・6・1　ネットワークアーキテクチャ

　綴り方モジュールはJordanネットワークかElmanネットワークを用いて構成する。その概要図を図2・6・1、図2・6・2に示す。綴り方モジュールのプラン層には意味表現ベクトルを入力する。出力は単語の綴りを1文字ずつ逐次出力する。

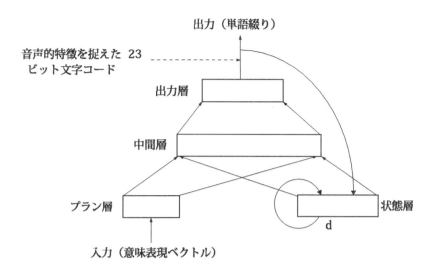

図 2・6・1　Jordan ネットワークによる綴り方モジュール

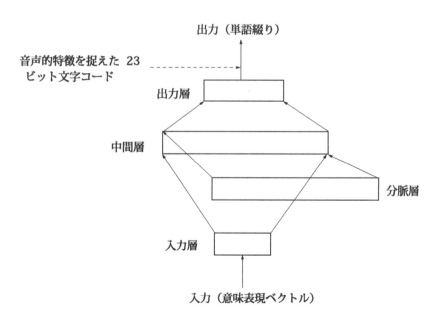

図 2・6・2　Elman ネットワークによる綴り方モジュール

2・6・2 実験

1) 学習アルゴリズムは、BP学習則を採用する。
2) 学習係数については実験の結果、一番最適と思われる値を採用する。
3) 12次元の意味表現ベクトルを採用する。
4) 文字コードは音声的特徴を捉えた23次元コードを採用する。
5) 学習係数を固定しておき、中間層の数を変化させることにより30個の単語の情報をどの程度の中間層で記憶できるのかを検証する。
6) 単語の正答率は、出力ベクトルと各文字のベクトルを比較してもっとも近いベクトルをもつ文字ネットワークの出力文字とする。単語において1文字でも間違っていれば、その単語は不正解とする。
7) Jordanネットワークにおける実験条件
　　　学習率　0.23
　　　慣性項の係数　0.2
　　　状態層の残存率　0.2
　　　シグモイド関数の傾き　0.33
8) Elmanネットワークにおける実験条件
　　　学習率　0.1
　　　慣性項の係数　0.3
　　　シグモイド関数の傾き　0.35

　Jordanネットワーク、Elmanネットワークともに学習回数3000回で学習が収束したとし、そのときのJordanネットワーク（図2・6・3）、Elmanネットワーク（図2・6・4）での中間層のユニット数を変えた場合の単語の正答率と自乗平均誤差の推移を示した。Jordanネットワーク、Elmanネットワークともに中間層のユニット数を減らしていくと中間層ユニット数20個付近から急に学習の収束がうまくいかなくなる。このことから、与えられた中間層のユニット数に対して記憶容量が単語数によって示し得ることが分かる。すなわち中間層のユニット数がほぼ20個のとき記憶容量は単語30個である。逆にユニット数を増やしていくと、多くなるほど学習の収束が良好になるとは必ずしも言えない。記憶すべき単語数に対して学習の収束がもっとも良好になるユニット数が存在するようである。

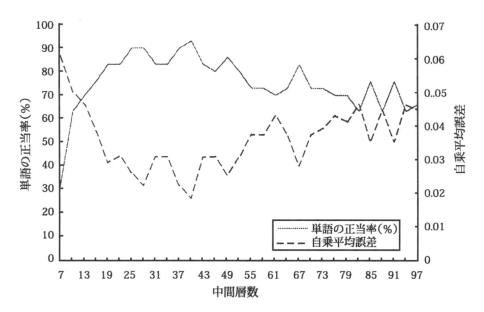

図2・6・3　Jordanネットワークにおける中間層ユニット数に対する単語の正答率と自乗誤差

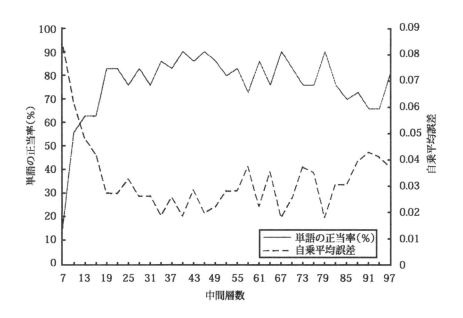

図2・6・4　Elmanネットワークにおける中間層ユニット数に対する単語の正答率と自乗誤差

2・6・3　考察

1) Jordan ネットワークと Elman ネットワークを比較すると、2 つのネットワークともほぼ同じ程度に良好な結果を示したと言える。
2) 単語の意味表現ベクトルとして表象獲得モジュールによって得られたベクトルを用いているが、各単語ベクトル相互の距離が非常に近いため学習が 100%でない。意味表現ベクトルの学習方法について改善する必要がある。
3) 今回の実験で今後すべてのモジュールにおいてどの程度の規模の中間層数でどの程度の単語を学習できるのかの目安ができたといえる。
4) 今後単語数を増やしていく方法として考えられることは、学習すべき単語が膨大な数あるので最小の中間層数でできるだけ多くの単語の意味情報が記憶できることが望ましいが、中間層数を増やしていくのでは限界がある。解決策方法として考えられるのは、モジュールの数を増やしていき並列に並べることで対応するか、またモジュール自身を1つにしておき、学習が終わった時点で結合荷重を他のモジュールで自己相関学習させて、結合荷重の情報圧縮を行い保管しておくことで、必要な場合にのみ参照することができるようにしておくと、膨大な量の単語情報を記憶しておくことができると考えられる。この場合、どんな基準で単語のグループ分けを行うべきか問題であるが、綴り方モジュールが含まれる全体システムの目的に応じて考えるべきである。また階層型ニューラルネットワーク自己組織化特徴地図とを比較し、単語辞書を構成するのにどちらが適しているのか検討していく必要がある。

2・7　形態素抽出モジュール

日本文では英文と違い単語をスペースで区切るようなことはしない。日本語処理システムでは入力されるべた書きの文を単語単位に分割を行わないと処理をすることができない。形態素抽出モジュールはべた書きのかな文を入力し、入力文中から注視した1つの単語を出力することをタスクとするモジュールである。抽出された単語は概念ベクトルの形で出力されるようにネットワークを訓練する。同音異義語が入力された場合でも文脈を考慮して適切な概念ベクトルを得ることができることを期待している。

2・7・1　ネットワークアーキテクチャ

　形態素抽出モジュールのネットワーク構成を図2・7・1に示す。ネットワークアーキテクチャとしてはElmanの単純回帰ネットワークを採用する。ただしネットワークに対する入力にはNETtalkで採用されたバッファ入力方式を採用している。図2・7・2に示すように文が入力層内を文字単位にシフトインされる。1文字は23次元のベクトルで表現され、各ベクトル要素が入力ユニット1つに割り当てられる。これを1アセンブリと呼ぶ。入力層全体では9アセンブリとする。9アセンブリあれば、すべての単語が十分に収まる。文脈を考慮したネットワークで1単語が収まることを前提に入力層のアセンブリ数を決定することには問題があるかもしれないが、文脈層を使用することによって文脈を考慮できると考えた。出力層は12ユニットであり、出力される単語が自立語の場合は1単語の概念ベクトルが出力される。付属語の場合は12ユニットのうちただ1つが1となり残りが0となる局所表現ベクトルとして出力される。

　形態素抽出モジュールは文脈層と図2・7・2に示すバッファ入力方式とを採用することによって各単語の文脈を考慮して文を分かち書きすることが期待されている。

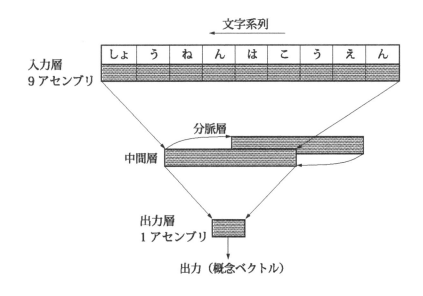

図2・7・1　形態素抽出モジュール

```
(1)                     しょうねんは べんとうを たべる。
(2)                  しょうねんは べんとうを たべる。
(3)               しょうねんは べんとうを たべる。
(4)            しょうねんは べんとうを たべる。
(5)         しょうねんは べんとうを たべる。
(6)      しょうねんは べんとうを たべる。
(7)   しょうねんは べんとうを たべる。
(8) しょうねんは べんとうを たべる。
(9) しょうねんは べんとうを たべる。
(10) しょうねんは べんとうを たべる。
(11) しょうねんは べんとうを たべる。
(12) しょうねんは べんとうを たべる。
(13) しょうねんは べんとうを たべる。
(14) しょうねんは べんとうを たべる。
```

図 2・7・2　バッファ入力方式

2・7・2　実験

1) 実験には表2・3・1を用いて作成された610文をネットワークに300回学習させる。中間層及び文脈層のユニット数は60ユニットとした。
2) 教師データを与えるタイミングは入力層の中央アセンブリに単語の中心が入力されたときに出力として単語の概念ベクトルが出力されるように教師データを与えることとした。
3) また学習に使用するニューラルネットワークのパラメータとして、学習率0.1、慣性項の係数0.1とした。
4) 学習終了後、実行モードにおいて出力された概念ベクトルにもっとも近いベクトルを持つ単語をネットワークの出力単語とし、これにもとづいてネットワークの正答率を求めた。

2・7・3　実験結果

300回迄の誤差曲線および学習文に関する正答率について、各単語における正答率を表2・7・1に、誤差曲線を図2・7・3にそれぞれ示す。

表 2・7・1　各単語における正答率 300 回学習時（中間層 60 ユニット）

単語	正答率（％）	単語	正答率（％）	単語	正答率（％）
少年	100.0	少女	97.6	男	99.4
女	100.0	犬	100.0	猫	99.0
餌	83.3	パン	33.3	弁当	58.3
服	37.5	花	50.0	公園	100.0
庭	95.8	家	84.7	棒	100.0
叩く	100.0	殴る	100.0	見る	100.0
食べる	100.0	遊ぶ	100.0	走る	100.0
歩く	100.0	買う	86.7	愛する	50.0
着る	0.0	は	100.0	が	100.0
を	100.0	で	100.0	。	100.0

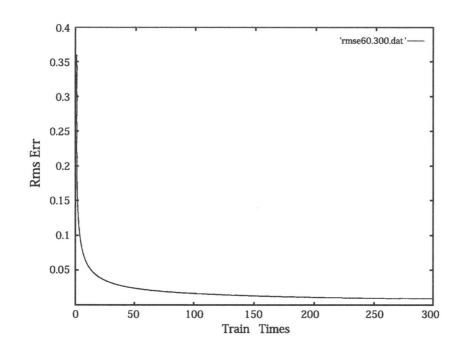

図 2・7・3　自乗誤差の推移（中間層 60 ユニット）

2・7・4 考察

1) 従来は選択的注視層をもつネットワークアーキテクチャを採用していたが今回はより単純なネットワークアーキテクチャによってよりよい結果を得ることができた。
2) 図2・7・3より誤差曲線は学習回数が50回までの間に急激に下がっていることが分かる。平均の正答率は85.9%であった。
3) 単語毎の正答率をみていくと学習文の中に多く含まれる単語の正答率が高い傾向にある。また格助詞や読点においては正答率が100.0%である。これは格助詞や読点の表現としてスパースコードを用いたためだと思われる。

2・8 辞書モジュール

日本語処理システムを構築するためには、単語に関する各種情報を記憶しておく必要がある。このタスクを実現するのが辞書モジュールである。

2・8・1 ネットワークアーキテクチャ

従来、辞書モジュールでは仮名綴りと単語の意味情報（概念ベクトル）を記憶していた。しかし、日本語を扱い仮名漢字変換を実現するためには漢字に関する表現も記憶しておかなければならない。そこで漢字綴り地図を今までの辞書モジュールに加えることにした。漢字綴り地図を加えた辞書モジュールは、単語の仮名綴りを入力し、単語の概念ベクトルと漢字綴りのいずれの情報をも検索することができなければならない。このタスクを実行するためにニューラルネットワークアーキテクチャとしてKohonenの自己組織化特徴地図およびHebb連合学習を採用する。

Kohonenの自己組織化特徴地図はランダムな状態から出発して学習によって位相地図を自己組織化できる。学習が収束したならば、地図上の勝者ユニットへの結合荷重ベクトルは入力ベクトルとほぼ一致するようになる。したがって逆に特徴地図から記憶されたパターンを求めるときは、勝者ユニットの入力層への結合荷重ベクトルで与えられる。すなわち結合荷重ベクトルとして単語情報が記憶される。そして、Hebb学習則によって仮名綴り、意味、漢字綴りの3つの特徴地図同士の関連づけが行われる。

1) 仮名綴り地図

仮名綴り地図とは単語の仮名綴りを構成する文字列を入力パターンとし、単語を特徴地図上に写像することを目的としている。これにより、仮名綴り情報を記憶させることができる。

　現在の仮名綴り地図では音声的特徴を捉えた文字コードを使用している。これは仮名文字自体が表音文字であると考えたからである。

2) 漢字綴り地図

　仮名漢字変換を行うには漢字綴りの情報が必要である。コネクショニスト日本語理解システムでは漢字の表現に関して通常のコンピュータのような文字コードを使用せずに、視覚的な特徴を捉えた文字コードを採用した。漢字綴り地図では漢字は文字の単位ではなく単語単位で記憶される。単語には漢字であらわさないものもあるので、仮名文字単語を含めて記憶する。この場合の仮名文字は漢字と同じように視覚的特徴を考慮して符号化されたものを使用する。

3) 意味地図

　意味地図には各単語の概念情報が記憶されることになる。ここで用いられる概念情報は表象獲得モジュールによって獲得されたベクトルを使用する。特徴地図上では意味に近いものがお互い近くに配置されることを期待する。

2・8・2　実験

　実験では、各特徴地図に自立語単語を学習させて辞書モジュールを構築した。この辞書モジュールは、付属語に関する情報を持っていないので、付属語に関する情報を仮名綴り、意味、漢字綴り地図以外の場所に記憶しておかなければならない。

　今回の実験では
　　　　　仮名綴り地図の学習実験
　　　　　漢字綴り地図の学習実験
　　　　　意味地図の学習実験
の3つについてそれぞれ学習された特徴地図を示すことにする。

　本来特徴地図の学習と並行してHebb連合学習を行なわなければならない。しかしながら今回は特徴地図の学習が75パーセント終了した時点からHebb学習を行うことにした。これは特徴地図の学習の初期段階では勝者ユニットの位置が安定しないことまたHebb連合を並行に行うには実験のための時間が制約されていたためである。

2・8・3 実験結果

学習には表2・3・1に示した単語を使用した。実験に使用した特徴地図の大きさは 20×20 でありパラメータは $a_0 = 0.4$、$d_0 = 10$、$T = 100000$ である。仮名綴りに関する学習結果として仮名綴り地図を図2・8・1に、概念ベクトルに関する学習結果として意味地図を図2・8・2に、漢字綴りに関する学習結果として漢字綴り地図を図2・8・3にそれぞれ示す。

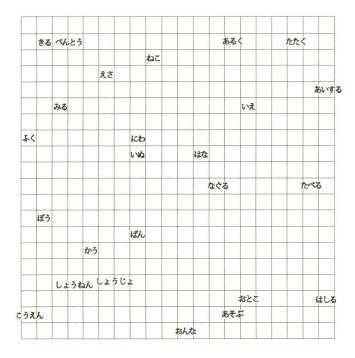

図2・8・1　仮名綴り地図

第 2 章　コネクショニスト日本語理解システムの構成的研究

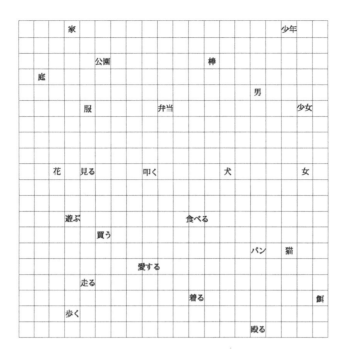

図 2・8・2　意味地図

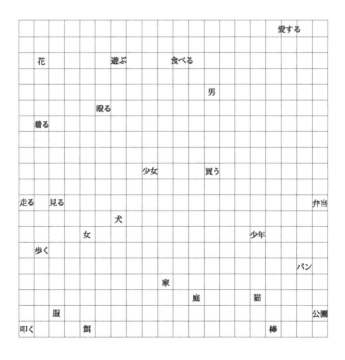

図 2・8・3　漢字綴り地図

2・9 コネクショニスト仮名漢字変換システム

　形態素抽出モジュールは仮名漢字変換のために新しく拡張したものを使用する。辞書モジュールでは付属語の学習を行っていないので、かわりに形態素抽出モジュールの出力層に1ユニットが付属語1単語に対応するユニットを設けて付属語の同定を行っている。仮名漢字変換におけるモジュールの接続図を図2・9・1に示す。

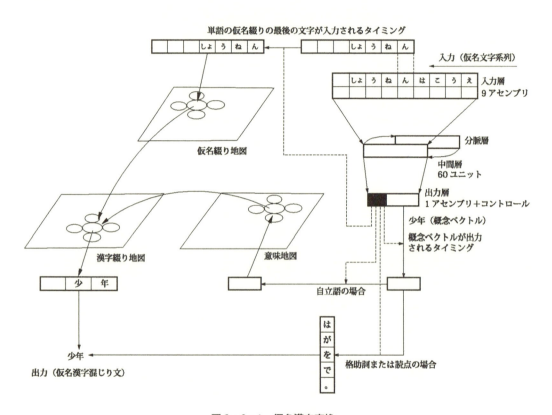

図2・9・1　仮名漢字変換

2・9・1　モジュール間のコントロール

　複数のモジュールを組み合せた場合モジュール間の制御方法を考える必要がある。制御方法として考えられるものを以下に示しておく。
1) モジュール間のユニット同士を結合するだけで特別な制御は行わない。
2) モジュール間にコントロール専用のニューラルネットワークを新たに設ける。

3) 既存のモジュールにコントロール用の制御信号を発生するユニットを設ける。

1) のモジュール間のユニット同士を結合するだけで特別な制御は行わないというのは理想的であるが現在の形態素抽出モジュールと辞書モジュールの結合では難しいと考えた。残る方法は 2) および 3) ということになる。2) の方法は多くのモジュールを結合する際にその中心となってコントロールを行うには有効な手段だと考えるが現在は二つのモジュールのみを結合するのでその必要性は考えられない。よって今回の形態素抽出モジュールと辞書モジュールの簡易型統合コネクショニストモデルでは 3) の既存のモジュールにコントロール用に制御信号を発生するユニットを設けることにした。

2・9・2 形態素抽出モジュールの変更

仮名漢字変換はべた書きのかな綴り文を形態素抽出モジュールに入力しそこから辞書モジュールを通して仮名漢字混じりに文に変換される。ここで辞書モジュールに送らなければならない情報は以下のものである。

　　　　単語の意味情報
　　　　単語の仮名綴り表現

形態素抽出モジュールではネットワークの出力として単語の意味情報しか得られない。そこで仮名綴り表現を得る必要がある。形態素抽出モジュールの入力層にはべた書きの仮名文が1文字ずつシフトインされる。まずこの入力層の中央アセンブリから図2・9・1に示すように入力層を拡張する。次に出力層に制御信号発生のためのコントロールユニットを追加する。コントロールユニットは学習モード時に制御信号のタイミングを学習すれば、実行モードにおいて自動的にモジュール間のコントロールを行なうことになる。コントロールユニットは出力層を拡張する形で実装する。現在仮名漢字変換を行なう際に必要な制御信号は以下のものとする。

1) 単語の概念ベクトルが出力されたことを示すユニット
2) 単語のかな綴りの最後の文字が入力層の中央アセンブリに入力されたことを示すユニット
3) 入力層の中央アセンブリに入力されている単語が自立語であることを示すユニット
4) 入力層の中央アセンブリに入力されている単語が格助詞または読点であることを示すユニット

このように出力層上で4つのユニットを拡張しそれぞれのユニットにこのよう

な役割を持たせる。1)のユニットが活性化した場合単語の概念ベクトルが出力層に出力されているのでこの出力値を保持する。2)のユニットが活性化された場合、入力層の中央アセンブリには仮名綴りの最後の文字が入力されたことを示す。この信号を使って拡張したアセンブリから単語の仮名綴り情報を仮名綴り地図に転送すると同時に1)によって保持された概念ベクトルを意味地図に出力する。つまり2)の信号はべた書きの仮名文から単語の仮名綴りを切り出すと同時に仮名漢字変換のタイミングを決定することになる。これは単語の最後の文字が入力層の中央アセンブリに入力された時点で1)に示すユニットはすでに活性化しており単語の概念ベクトルは得られているから、タイミング合せのためである。

3)、4)は現在入力層の中央アセンブリに入力されている単語が自立語か付属語かを示すことになる。これは現在の辞書モジュールが付属語を記憶していないために自立語と付属語ではユニットの活性値の流れを制御しなければならないからである。

コントロールユニットの使いすぎも、認知モデルの形成や汎化能力の達成などの目的に反することになるのでいずれ厳密に検討する必要がある。

2・9・3 実行モード

ここでは実際の仮名漢字変換実行の様子を説明する。まず辞書モジュールでは付属語の処理はできない。そこでKohonenの自己組織化特徴地図を使わずに付属語を抽出する機能を形態素抽出モジュールの方に用意した。形態素抽出モジュールが出力する付属語の情報は出力層12ユニットのうち1ユニットが1になる局所表現が採用されている。今回は直接このユニットからの信号を助詞に置き換えることにした。また、自立語と付属語の区別も形態素抽出モジュールで行われる。

次に辞書モジュールの実行モード時における動作を示す。辞書モジュールは形態素抽出モジュールから受け取った自立語の情報(概念ベクトル、すなわちニューラルネットワークのユニットの活性度ベクトル)を以下の手順で処理する。

ⅰ) 意味地図の入力層に概念ベクトルが入力される。
ⅱ) 意味地図上に活性状態が現れる。
ⅲ) 仮名綴り地図の入力層に自立語の仮名綴り表現が入力される。
ⅳ) 仮名綴り地図上に活性状態が現れる。
ⅴ) 意味地図から漢字綴り地図へ伝播された活性値と仮名綴り地図から漢字綴り地図へ伝播された活性値の和を計算する。
ⅵ) ⅴ)の値が最も大きな値をもつユニットを漢字綴り地図上の勝者ユニット

とする。

vii) vi) で決定したユニットから漢字綴り情報を引き出す。
このようにして漢字綴りを決定し仮名漢字変換を行う。

2・9・4 実験

　実験に使用した形態素抽出モジュールは図2・9・1に示すものである。入力層は図に示すように拡張したものを使用し、中間層や文脈層は60ユニットとする。出力層は概念ベクトルが出力される12ユニットとコントロールのための4ユニットを追加して16ユニットした。入力文は形態素抽出モジュールの実験と同様の文を使用した。
　実験文610文に対して一文全体が正しく変換された割合は63.2％であり、文を考慮せず単語のみが正しく変換できた割合は93.6％であった。

2・9・5 考察

　拡張された形態素抽出モジュール、辞書モジュール単独ではそれぞれのタスクを十分こなすことができていたことを考えると、モジュール結合後の結果には不満が残る結果となった。
　単語単位では十分な変換ができているとも考えられるが一文単位では不十分である。変換された文を1文ずつ見ていくと特定の単語を間違う傾向がある。特に「犬」と変換されなければならないところを「女」と間違って変換していることが文全体の正答率を下げる原因となっている。漢字綴り地図を図2・8・3に示しているが、漢字綴り地図上では「犬」と「女」が近くにあることがわかる。より正答率が上がる可能性を調べるために仮名綴り地図から漢字綴り地図に対する影響力と意味地図から漢字綴り地図に対する影響力とをそれぞれ2：1、1：2と変えてみたが影響は現れなかった。辞書モジュール学習時のHebb連合が不十分である可能性がある。

2・10 結論

　システムの構築が進めば進むほど統合コネクショニストモデルが言語心理学的現象の説明原理として使える可能性も大きくなると、感じている。辞書モジュールを背景にして記憶や想起のプライミング現象が観測されることをすでに確かめ

た。

　日本文解析モジュールの実験から、名詞と格助詞の結びつきについて興味ある結果が得られた。日本語においては、2つの要素が前後して直接結合され新たな1つの単位となる場合、付属部が前に主要部が後ろにくるが、1つだけこの法則に沿わないように見えたのがこの名詞と格助詞の結びつきであった。我々はコネクショニストモデルの実験から名詞が付属部で格助詞が主要部であることを定量的に示すことができた。このことから我々はコネクショニストモデルが言語学的法則や言語心理学的現象のミクロな説明原理として使えることを確信するにいたった。また人類が有する言語獲得の生得性から考えると、諸言語に共通するベーシックネットワークアーキテクチャの存在が推測される。諸言語の違いはそれからの2次的なバリエーションによってもたらされるものだと考えている。

参考文献

学術論文

1) 嶋津好生：モジュール構成ニューラル・ネットワークによる自然言語処理システムの構築法、九州産業大学工学部研究報告、第29号、pp. 51-60、1992.
2) 嶋津好生、坂元実：モジュール構成ニューラル・ネットワークによる日本文分かち書きシステムの概念設計、九州産業大学工学部研究報告、第30号、pp. 105-112、1993.
3) 坂元実、嶋津好生：単純回帰ニューラルネットワークによる自然文単語系列の予測学習－英文と日本文の場合の比較－、九州産業大学工学部研究報告、第31号、pp. 73-78、1994.
4) 坂元実、山村邦彦、嶋津好生：統合コネクショニストモデルによる日本語理解システムの構成要素モジュールについて、九州産業大学工学部研究報告、第31号、pp. 79-84、1995.
5) 原田伸義、山村邦彦、嶋津好生：統合コネクショニストモデルによる日本語の意味解析について、九州産業大学工学部研究報告、第32号、pp. 67-74、1995.
6) 山村邦彦、渡邊啓、嶋津好生：コネクショニスト日本語処理システム－分かち書きモジュールと辞書モジュールによるかな漢字変換について－、九州産業大学工学部研究報告、第32号、pp. 75-82、1995.
7) 山村邦彦、嶋津好生：コネクショニスト日本語処理－文生成モジュールの構築－、九州産業大学工学部研究報告、第33号、pp. 73-78、1996.
8) 渡邊啓、山村邦彦、嶋津好生：階層型ニューラルネットワークによる意味辞書の構成、九州産業大学工学部研究報告、第33号、pp. 79-84、1996.

技術研究報告

1) 嶋津好生：日本語処理の統合コネクショニストモデルについて、第8回情報処理学会

九州支部研究報告、pp. 219-228、March 1994.
2) 山村邦彦、坂元実、嶋津好生：コネクショニスト日本語理解システムの構成的研究－辞書モジュール、文解析モジュールについて－、第9回情報処理学会九州支部研究会報告、pp. 11-20、March 1995.
3) 原田信義、山村邦彦、嶋津好生：コネクショニストモデルによる日本文の格構造解析、第10回情報処理学会九州支部研究報告、pp. 251-260、March 1996.
4) 山村邦彦、渡邊啓、嶋津好生：簡易統合コネクショニストモデルによるべた書き日本文の仮名漢字変換、第10回情報処理学会九州支部研究報告、pp. 261-270、March 1996.
5) 渡邊啓、山村邦彦、嶋津好生：コネクショニスト日本語処理システムにおける文生成－文生成モジュールと綴り方モジュール－、第11回情報処理学会九州支部研究報告、pp. 173-182、March 1997.
6) 山村邦彦、嶋津好生：コネクショニスト仮名漢字変換システム－形態素抽出モジュールと辞書モジュール－、第11回情報処理学会九州支部研究報告、pp. 183-192、March 1997.

学会発表
1) 坂元実、嶋津好生：モジュール構成ニューラル・ネットワークによる自然言語処理、電気関係学会九州支部第46回連合大会論文集、p. 697、October 1993.
2) 坂元実、嶋津好生：日本文分かち書き処理の統合コネクショニストモデル、日本認知科学会第11回大会論文集、p. 180-p. 181、July 1994.
3) 嶋津好生：コネクショニスト日本語処理システムにおける文解析モジュールについて、平成6年電気学会電子・情報・システム部門大会講演論文集、pp. 297-300、July 1994.
4) 山村邦彦、坂元実、嶋津好生：コネクショニスト日本語処理システムにおける辞書モジュールについて、電気関係学会九州支部第47回連合大会講演論文集、p. 676、September 1994.
5) 坂元実、嶋津好生：単純回帰ネットの単語系列予測学習における日英両言語の比較、電気関係学会九州支部第47回連合大会講演論文集、p. 677、September 1994.
6) 嶋津好生、坂元実、山村邦彦：コネクショニスト日本語処理システムの構成要素モジュールに関する予備実験、日本神経回路学会第5回全国大会講演論文集、pp. 317-318、November 1994.
7) 渡邊啓、山村邦彦、嶋津好生：コネクショニスト日本語処理システムの構成的研究－分かち書きモジュールについて－、電気関係学会九州支部第48回連合大会講演論文集、p. 828、September 1995.
8) 山本邦彦、嶋津好生：コネクショニスト日本語処理システムの構成的研究－読み、漢字、意味の3層辞書モジュール－、電気関係学会九州支部第48回連合大会講演論文集、p829、September 1995.
9) 原田信義、山村邦彦、嶋津好生：コネクショニスト日本語処理システムの構成的研究－文解析モジュール－、電気関係学会九州支部第48回連合大会講演論文集、p. 830、September 1995.
10) 嶋津好生、山村邦彦：言語獲得の生得的制約と統合コネクショニストモデルについて、日本神経回路学会第6回全国大会講演論文集、pp. 311-312、October 1995.

11) 嶋津好生、山村邦彦、渡邊啓：単純回路ニューラル・ネットワークによる英文や日本文の格構造解析、日本認知学会第13回大会論文集、pp. 172-173、June 1996.
12) 王鵬、山村邦彦、嶋津好生：単純回帰ネットによる中国語単文の格構造解析、電気関係学会九州支部第49回連合大会講演論文集、p. 686、October 1996.
13) 渡邊啓、山村邦彦、嶋津好生：階層型ニューラルネットによる意味辞書の構成、電気関係学会九州支部第49回連合大会講演論文集、p. 699、October 1996.
14) 山村邦彦、嶋津好生：コネクショニスト日本語処理システムの文生成モジュール、電気関係学会九州支部第49回連合大会講演論文集、p. 702、October 1996.

第3章 コネクショニスト日本語理解システムにおける文解析と文生成

3・1 序論

　自然言語処理 (natural language processing, NLP) は、生成言語学 (generative linguistics) に基づくものから、統計的ないしは他のデータ解析に基づく経験的アプローチを経て、人工神経回路網 (artificial neural network, ANN) によるものへ展開してきた。ここでは自然言語を利用した有益なシステムを実現するために、ANN を使った入出力モジュールを設計する。NLP は認知科学とちがって、構築するシステムを使って心理学的説明を求めようとはしない。しかし生成言語学がそれを試みたことを考えると、言語学に比べれば認知科学により近い脳科学を背景とする ANN に基づいてそれを試みることはそれほど無謀なことではない。

　Elman, J. L. や Christiansen, M. H. 等の真性のコネクショニズムの立場がある。Christiansen は、エルマンネットに次単語予測学習を行わせ、学習が収束した後、出力結果から分かる確率分布に従って入力次単語を確定していく方法で、具体的に文を生成していった。このモデルを使って人の再帰的構造言語の生成能力について議論している。しかしこの次単語予測学習ネットだけでは、話したいことを言語化するシステムとなり得ない。ましてや言語を解析・理解するシステムとはなり得ない。Dyer, M. G. や Miikkulainen, R. 等の構成的コネクショニズムとでもいうべき戦略が必要である。本稿で示した日本語のコネクショニスト複文パーサは Miikkulainen による英語の複文パーサ SPEC を参考に構築したものである。勿論日本語ならではの工夫を要した。

サブシンボリックパラダイム

　シンボリックパラダイムでは、ある一つのシンボルのコンテクストはその外周辺にある他のシンボルを使って表現される。一方、サブシンボリックパラダイムでは、ある一つのシンボルのコンテクストが、そのシンボルをサブシンボル表現に変換することによって、そのシンボルの内側に表現される。前者をコネクショニズムの局所モデル、後者を同じく分散化モデルということもある。

内語過程

　言語的表現の意味を理解する過程や意味に適合する言語表現の産出過程を内語とよんでいる。内語は具体的発声を伴わず個体の内部において進行している言語過程である。一方、外語は発声を伴い他人にむけられた言語過程である。
　本研究の目的は次の通りである。
1) 人工神経回路網を使って日本語を理解し産出するシステムを構築する。
2) コネクショニズム・サブシンボリックパラダイムに基づいて内語過程のシミュレーションをこころみる。

3・2　ことばの表象

　ことばの表象について考えよう。文は形態素の順列である。形態素は品詞に分類される。名詞、動詞、形容詞、形容動詞、副詞などの品詞は概念を担う品詞ということで、概念語と呼ぶ。形容詞や形容動詞は2つの働き、装定的機能と述定的機能を持つ。助詞、助動詞、接続詞、などは概念語と区別して機能語と呼ぶ。形態素の表象はいくつかの神経細胞ユニットの集まりの活性パターンである。これを、アセンブリパターンと呼ぼう。学習が収束し表象が固定化することで語彙の獲得が完了する。文の理解の過程で形態素の表象はネットワークの上を転移していく。文の表象が形成されることで理解が完了する。概念語の表象は理解の完了時まで維持されるが、機能語の表象は概念語表象の転移を支援して役目が終われば消滅する。代名詞を除いてすべての機能語の働きがその文の理解過程内に閉じている。代名詞だけが先行する文の記憶を必要とすることもある。
　動詞句や述定形容詞・形容動詞句は統括成分となる。名詞句は補足成分となる。文の中にあって統括成分と補足成分とをセットで備えている構成要素を節という。節以外の構成要素を句という。文の理解過程には次のような操作が実行される。
1) 句の表象は単一の品詞並に圧縮される。副詞＋形容詞・形容動詞→形容詞・形容動詞句、装定形容詞句連体形＋名詞→名詞句、装定形容詞句連用形＋動詞→動詞句、副詞＋述定形容詞・形容動詞→述定形容詞・形容動詞句。そして動詞に付属している助動詞、終助詞、接続助詞などの表象も単一の品詞並に圧縮される。
2) 文は節に分割される。
3) 各節はその深層格構造の表象に変換される。同時に格構造間の関係も表象されなければならない。複文は修飾-被修飾関係にある従属節と主節とを含む。連

体修飾節が主節の補足成分を修飾する場合は、両格構造に含まれる同じ名詞句の同一性が表象される。また連用修飾節が主節の統括成分を修飾する場合は、両格構造の統括成分間の時間関係や因果関係が表象される。以上のすべてが揃えば、それが文の表象である。

　格構造の表象について考えよう。コネクショニストモデルにおいて出現する「表象」は、ネットワークの「どこがどのように活性化しているか」である。「どこが」とはユニットアセンブリの位置のことであり、「どのように」とはアセンブリパターンのことである。格構造の表象の場合、異なる位置のユニットアセンブリを異なる格の名詞句アセンブリパターンが入る場所とする。これを格スロットと呼ぶ。同様に動詞句についても、その異なるテンス、アスペクト、ヴォイス、モダリティのために異なるスロットを用意する。統括成分である動詞句や述定形容詞・形容動詞句のアセンブリパターンと補足成分であるいくつかの名詞句のアセンブリパターンとがそれぞれ同時に適切なスロットを満たしたとき格構造の表象が出現する。

　また、2つの格構造間で同じ名詞句の同一性を表象するには、名詞句のユニットアセンブリにいくつかユニットを追加して、同じ名詞句のその部分が呼応して同一のパターンで活性化するようにすればよい。このユニットを交差ユニットと呼ぶ。格構造間の時間関係や因果関係を表象するには、動詞句のユニットアセンブリに同様なことを行い、ただ違うところは、関係の方向性を加味して呼応する活性パターンを用意することである。このユニットをリンクユニットと呼ぶ。従属節をそっくり主節の補足成分とする場合は、従属節の統括成分と主節の補足成分とで呼応するユニットを用意する。これを「こと」ユニットと呼ぶ。

　修飾-被修飾関係には、連体修飾節の主節補足成分に対する関係と、連用修飾節の主節統括成分に対する関係とがある。前者においては装定形容詞連体形と名詞との関係同様直に接続する。後者においては装定形容詞・形容動詞連用形と動詞との関係同様、連用修飾節がワンダラになる。複文を生成するとき、連体修飾節の場合は名詞句に添付されている交差ユニットがトリガーとなり、修飾節中の同じその名詞を消去する手続きが伴うが、一方、連用修飾節の場合は動詞句に添付されているリンクユニットがトリガーとなるが、修飾節中の動詞句は消去されることはない。

　以下本稿では日本語の複文を解析・生成するシステムをニューロマルチネットシステムによって実現しているが、ここでは形態素の概念や機能を反映して、それぞれの形態素を表すアセンブリパターンがすでに獲得されているものとする。

　図3・3・1に日本語複文の解析・生成システムを示す。ネットワークアーキテクチャは、いくつかの階層型ネットワークをさらにネットワーク結合したもの

である。そして、必要なところにシンプルリカレントネットワークを組み込んでいる。学習アルゴリズムは誤差逆伝搬学習則だけで十分であった。その解析部をMiikkulainenによる英語の複文パーサSPECと比較すると、その主要なモジュールは同様なものとなった。便宜的に同じネットワークアーキテクチャを採用することも可能である。このことを多くの言語にわたり敷衍して行けば、言語の普遍性はネットワークアーキテクチャから発生するのだと言える根拠になるかもしれない。

(連体修飾節複文)
私は無邪気に子供達が遊ぶ賑やかな公園で不意に女を殴る男を見た。
(単文)
無邪気に子供達が賑やかな公園で遊ぶ。
賑やかな公園で不意に男が女を殴る。
私は男を見た。

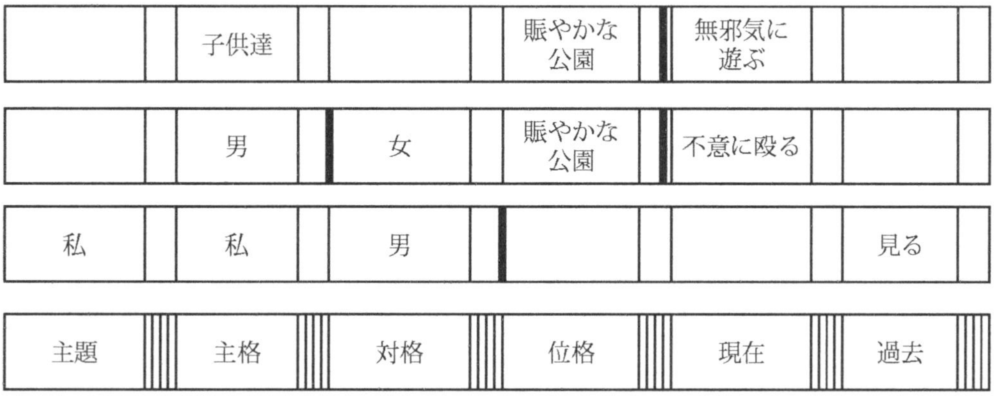

	子供達		賑やかな公園	無邪気に遊ぶ		
	男	女	賑やかな公園	不意に殴る		
私	私	男			見る	
主題	主格	対格	位格	現在	過去

(a) 連体修飾節複文（交差ユニット）

(連用修飾節複文)
神田へ本を買いに行った。
(単文)
私は本を買う。
私は神田へ行った。

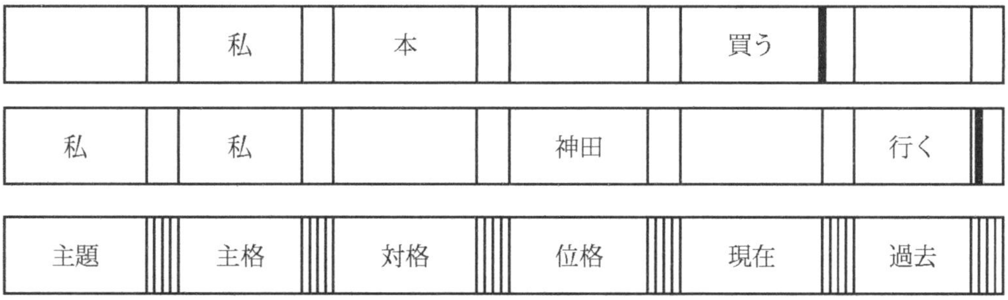

	私	本		買う	
私	私		神田		行く
主題	主格	対格	位格	現在	過去

(b) 連用修飾節複文（リンクユニット）

図3・2・1　格構造パイル

〈はたらくことば〉の神経科学

連体修飾節
私は無邪気に子供たちが遊ぶ賑やかな公園で不意に女を殴る男を見た。

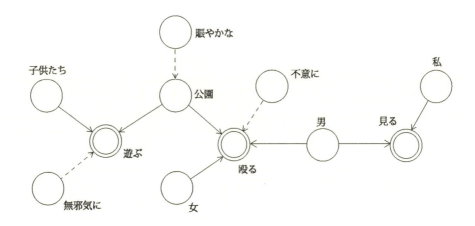

(a) 同一の「もの」が異なる二つの「こと」の補足成分になる場合、たとえば「賑やかな公園」は「遊ぶ」の補足成分でもあり「不意に殴る」の補足成分でもある。

連用修飾節
神田に本を買いに行く

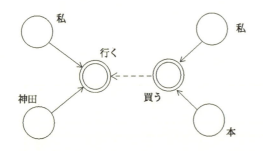

(b) ある「こと」が他の「こと」を形容する場合、たとえば「買うこと」は「行くこと」を形容している。

こと節
人を愛することはすばらしい

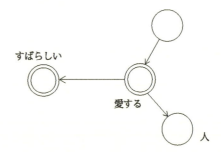

(c) ある「こと」が他の「こと」の補足成分になる場合、たとえば「愛することは」は「すばらしい」の補足成分になる。

図3・2・2　深層格構造のイメージ図

3・3 コネクショニスト日本語解析・生成システム

3・3・1 コネクショニスト複文解析システム

　図3・2・1に具体的な日本語の複文によって作られる深層格構造の集まりを示す。図3・2・2はそのイメージ図である。図3・3・1に示す日本語複文の解析・生成システムにおいて、その解析部は5つの階層型ネットによって構成されている。左からそれぞれ単文パーサ (clause parser)、セグメンタ (segmenter)、スタック (stack A)、コンプレッサ (compressor)、ワンダラーコンプレッサ (wanderer compressor) である。それぞれ学習が収束し期待された機能をはたすものとする。セグメンタの入力層に複文の単語系列が入力され、単文パーサの出力層にいくつかの深層格構造がつぎつぎに出力される。

　スタックやコンプレッサ、ワンダラーコンプレッサは自己相関学習ネットである。入力層そして同じことであるが出力層の圧縮情報を中間層から得ることができる。スタックはその圧縮情報を提供しセグメンタを補佐する。コンプレッサは装定形容詞連体形＋名詞など連続する単語列から成る句の圧縮情報を与え、ワンダラーコンプレッサは装定型形容詞・形容動詞連用形＋動詞など飛び離れた単語から成る句の圧縮情報を与える。

　セグメンタは自己相関学習ネットの部分とジョウダンネットの部分とが組み合わせられたものである。前者は入力されたものを出力層に伝達するためだけのものであるが、後者はコネクショニスト順序機械として働き、プラン層に与えられた情報に従ってアセンブリパターンを転移させる制御信号を作り出す。たとえば、下記の動作説明の中で (9) の、「公園」がセグメンタの入力層に入力されたとき、ジョウダンネットのプラン層には、スタックによって圧縮された情報が加わって、「私は、子供達が、無邪気に遊ぶ」の情報があたえられており、また状態層には、「賑やかな公園」がセグメンタを通過したことを記憶する痕跡が残っている。セグメンタはこの状態で埋め込み文の存在を認識してその情報を単文パーサの入力層に転移させる制御信号を作り出さなくてはならない。

　すべてのモジュールが学習によってそれぞれ期待された機能を獲得する。
　まとめると複文の理解過程は次のようになる。
1) 句の表象を圧縮する。
2) 修飾－被修飾関係を表象しながら、複文を節へ分ける。
3) 節を深層格構造へ変換する。

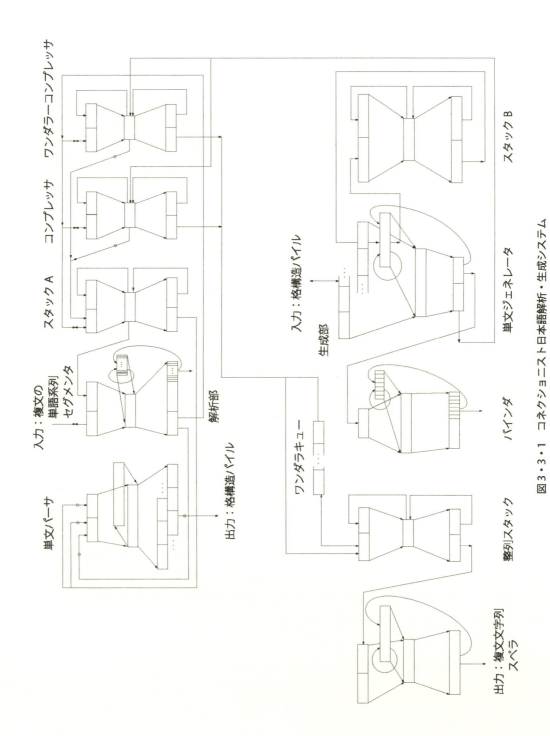

図 3・3・1 コネクショニスト日本語解析・生成システム

実際に日本語複文「私は無邪気に子供達が遊ぶ賑やかな公園で不意に女を殴る男を見た。」を入力して複文解析システムの働きをたどって見よう。
(1)「私」が入力される。
(1.1)「私」はセグメンタからコンプレッサを経由してスタックにプッシュ (push) される。
(1.2) 次単語入力の準備をする。(セグメンタの状態層がクリア (clear) される。)
(2)「は」が入力される。
(2.1)「は」はセグメンタからコンプレッサを経由してスタックにプッシュされる。
(2.2) 次単語入力の準備をする。(セグメンタの状態層がクリアされる。)
(3)「無邪気に」が入力される。
(3.1)「無邪気に」はセグメンタを経由してワンダラーコンプレッサにプッシュされる。
(3.2) 次単語入力の準備をする。
(4)「子供達」が入力される。
(4.1)「子供達」はセグメンタからコンプレッサを経由してスタックにプッシュされる。
(4.2) 次単語入力の準備をする。
(5)「が」が入力される。
(5.1)「が」はセグメンタからコンプレッサを経由してスタックにプッシュされる。
(5.2) 次単語入力の準備をする。
(6)「遊」が入力される。
(6.1)「遊」はセグメンタを経由してワンダラーコンプレッサにプッシュされる。
(6.2) ワンダラーコンプレッサ中間層から「無邪気に遊」が取り出されスタックにプッシュされる。(ワンダラーコンプレッサ中間層がクリアされる。)
(6.3) 次単語入力の準備をする。(セグメンタの状態層がクリアされる。)
(7)「ぶ」が入力される。
(7.1)「ぶ」はセグメンタからコンプレッサを経由してスタックにプッシュされる。
(7.2) 次単語入力の準備をする。(セグメンタの状態層がクリアされる。)
(8)「賑やかな」が入力される。
(8.1)「賑やかな」はセグメンタを経由してコンプレッサにプッシュされる。
(8.2) 次単語入力の準備をする。
(9)「公園」が入力される。
(9.1)「公園」はセグメンタを経由してコンプレッサにプッシュされる。
(9.2) スタックから「ぶ」がポップ (pop) され単文パーサ入力層付属語アセンブリに入力される。

(9.3) スタックから「無邪気に遊」がポップされ単文パーサ入力層自立語アセンブリに入力される。(単文パーサ出力層動詞現在スロット (slot) に「無邪気に遊」が出力されている。)

(9.4) スタックから「が」がポップされ単文パーサ入力層付属語アセンブリに入力される。

(9.5) スタックから「子供達」がポップされ単文パーサ入力層自立語アセンブリに入力される。(単文パーサ出力層動詞現在スロットに「無邪気に遊」が、名詞主格スロットに「子供達」がそれぞれ出力されている。)

(9.6) コンプレッサ中間層から「賑やかな公園」が取り出され交差ユニットを付加されたのち、スタックにプッシュされる。

(9.7) スタックから「賑やかな公園」がポップされ単文パーサ自立語アセンブリに入力される。(単文パーサ出力層動詞現在スロットに「無邪気に遊」が、名詞主格スロットに「子供達」が、名詞位格スロットに「賑やかな公園」がそれぞれ出力されている。)

(9.8) コンプレッサ中間層から「賑やかな公園」が取り出され交差ユニットを付加されたのち、スタックにプッシュされる。(コンプレッサ中間層がクリアされる。)

(9.9) 単文パーサ出力層から格構造出力が取り出される。(単文パーサ文脈層がクリアされる。)

(9.10) 次単語入力の準備をする。(セグメンタの状態層がクリアされる。)

(10) 「で」が入力される。

(10.1) 「で」はセグメンタからコンプレッサを経由してスタックにプッシュされる。

(10.2) 次単語入力の準備をする。(セグメンタの状態層がクリアされる。)

(11) 「不意に」が入力される。

(11.1) 「不意に」はセグメンタを経由してワンダラーコンプレッサにプッシュされる。

(11.2) 次単語入力の準備をする。

(12) 「女」が入力される。

(12.1) 「女」はセグメンタからコンプレッサを経由してスタックにプッシュされる。

(12.2) 次単語入力の準備をする。

(13) 「を」が入力される。

(13.1) 「を」はセグメンタからコンプレッサを経由してスタックにプッシュされる。

(13.2) 次単語入力の準備をする。
(14) 「殴」が入力される。
(14.1) 「殴」はセグメンタを経由してワンダラーコンプレッサにプッシュされる。
(14.2) ワンダラーコンプレッサ中間層から「不意に殴」が取り出されスタックにプッシュされる。(ワンダラーコンプレッサ中間層がクリアされる。)
(14.3) 次単語入力の準備をする。(セグメンタ状態層がクリアされる。)
(15) 「る」が入力される。
(15.1) 「る」はセグメンタからコンプレッサを経由してスタックにプッシュされる。
(15.2) 次単語入力の準備をする。(セグメンタ状態層がクリアされる。)
(16) 「男」が入力される。
(16.1) スタックから「る」がポップされ単文パーサ入力層付属語アセンブリに入力される。
(16.2) スタックから「不意に殴」がポップされ単文パーサ入力層自立語アセンブリに入力される。(単文パーサ出力層動詞現在スロットに「不意に殴」が出力されている。)
(16.3) スタックから「を」がポップされ単文パーサ入力層付属語アセンブリに入力される。
(16.4) スタックから「女」がポップされ単文パーサ入力層自立語アセンブリに入力される。(単文パーサ出力層動詞現在スロットに「不意に殴」が、名詞対格スロットに「女」が出力されている。)
(16.5) スタックから「で」がポップされ単文パーサ入力層付属語アセンブリに入力される。
(16.6) スタックから「賑やかな公園」がポップされ単文パーサ入力層自立語アセンブリに入力される。(単文パーサ出力層動詞現在スロットに「不意に殴」が、名詞対格スロットに「女」が、名詞位格スロットに「賑やかな公園」が出力されている。)
(16.7) セグメンタの出力層から「男」を取り出して交差ユニットを付加したのち、単文パーサ入力層自立語アセンブリに入力し、かつスタックにプッシュする。(単文パーサ出力層動詞現在スロットに「不意に殴」が、名詞対格スロットに「女」が、名詞位格スロットに「賑やかな公園」が、名詞主格スロットに「男」が出力されている。)
(16.8) 単文パーサ出力層から格構造出力が取り出される。(単文パーサ文脈層がクリアされる。)
(16.9) 次単語入力の準備をする。(セグメンタ状態層がクリアされる。)

(17)「を」が入力される。
(17.1)「を」はセグメンタからコンプレッサを経由してスタックにプッシュされる。
(17.2) 次単語入力の準備をする。(セグメンタ状態層がクリアされる。)
(18)「見」が入力される。
(18.1)「見」はセグメンタからコンプレッサを経由してスタックにプッシュされる。
(18.2) 次単語入力の準備をする。(セグメンタ状態層がクリアされる。)
(19)「た」が入力される。
(19.1)「た」はセグメンタからコンプレッサを経由してスタックにプッシュされる。
(19.2) 次単語入力の準備をする。(セグメンタ状態層がクリアされる。)
(20)「。」が入力される。
(20.1) スタックから「た」がポップされ単文パーサ付属語アセンブリに入力される。
(20.2) スタックから「見」がポップされ単文パーサ自立語アセンブリに入力される。(単文パーサ出力層動詞過去スロットに「見」が出力されている。)
(20.3) スタックから「を」がポップされ単文パーサ付属語アセンブリに入力される。
(20.4) スタックから「男」がポップされ単文パーサ自立語アセンブリに入力される。(単文パーサ出力層動詞過去スロットに「見」が、名詞対格スロットに「男」が出力されている。)
(20.5) スタックから「は」がポップされ単文パーサ付属語アセンブリに入力される。
(20.6) スタックから「私」がポップされ単文パーサ自立語アセンブリに入力される。(単文パーサ出力動詞過去スロットに「見」が、名詞対格スロットに「男」が、名詞主題スロットと名詞主格スロットに「私」が出力されている。)
(20.7) 単文パーサ出力層から格構造出力を取り出す。(単文パーサ文脈層がクリアされる。)
(20.8) 次単語入力の準備をする。(セグメンタ状態層がクリアされる。)

　日本語の文章には主格表現の省略がある。とくに、話者「私」の省略が多い。格構造において主格を補う方法は、まず解析前において「私」を主格のデフォルト値とすること、そして解析後には直上格構造の主格をコピーすることによって

補うことができる。

3・3・2　コネクショニスト複文生成システム

　図3・3・1において、日本語複文の解析・生成システムの生成部は7つの階層型ネットによって構成される。そのうちコンプレッサとワンダラーコンプレッサは解析部と共通のものが使われる。残りは左からスペラ (speller)、整列スタック (line up stack)、バインダ (binder)、単文ジェネレータ (clause generater)、スタックBである。

　単文ジェネレータは単文の構成要素を時系列的に出力する。まず、統括成分が出力され、続けて補足成分が重要なものから優先して出力される。1回出力されると、そのあと出力層が2回の左シフト出力を終えるまで、つぎの出力は抑制される。単文ジェネレータは出力すべき成分が無くなったとき、最後に自立語出力「*」を出力する。バインダによる「*」の制御の下で、埋め込みレベルが直上位の単文生成の状態が復元される。すなわち、単文ジェネレータのプラン層へその格構造を、またスタックからポップして状態層を復元する。このとき埋め込みレベル直上位の格構造が存在しないとき、複文生成が終了したことを示す自立語出力「！」を出力する。

　コンプレッサやワンダラーコンプレッサについて、そのポップ動作が続くとき、ポップすべきものが無くなればポップ動作は自動的に止むものとする。

　綴りの生成は整列スタックとスペラによって行われる。整列スタックからポップされた各単語はスペラのプラン層に左シフト入力される。バインダが綴り生成をトリガーするが、あとは整列スタックとスペラがバインダの制御から離れ自律的に動作する。スペラは2アセンブリ入力であり、左アセンブリ入力単語のみ綴りを文字の時系列出力として生成する。スペラは、左アセンブリ入力単語が用言のとき、右アセンブリに入力された後続の単語を考慮して用言活用することを学習できる。各単語の綴りの最後はブランクである。このブランク出力が状態層のクリアと、整列スタックのポップおよびプラン層の左シフト入力を制御する。

　まとめると複文の産出過程は次のようになる。
1) 深層格構造を節へ変換する。
2) 修飾－被修飾関係の表象に従って、節を繋いで複文とする。
3) 圧縮された句の表象を解凍する。

　複文生成システムが図3・2・1に示す格構造パイルをどのように文章化するか、その動作を逐一たどってみよう。

(1) 核構造「私（は）男（を）見（た）」が単文ジェネレータのプラン層に入力される。

(1.1)「見・た」が単文ジェネレータの出力層に出力され、自立語出力「見」はバインダのプラン層に渡される。

(1.1.1) 単文ジェネレータの出力層から左シフト出力されて、「た」がコンプレッサの中間層に渡される。

(1.1.2) コンプレッサから「た」がポップされ、整列スタックにプッシュされる。

(1.1.3) 単文ジェネレータの出力層から左シフト出力されて、「見」がワンダラーコンプレッサの中間層に渡される。

(1.1.4) ワンダラーコンプレッサから「見」がポップされ、整列スタックにプッシュされる。

(1.1.5) バインダの状態層をクリアする。

(1.2)「男・を」が単文ジェネレータの出力層に出力され、自立語出力「男」はバインダのプラン層に渡される。

(1.2.1) 単文ジェネレータの出力層から左シフト出力されて、「を」がコンプレッサの中間層に渡される。

(1.2.2) コンプレッサから「を」がポップされ、整列スタックにプッシュされる。

(1.2.3) 単文ジェネレータの出力層から左シフト出力されて、「男」がコンプレッサの中間層に渡される。

(1.2.4) コンプレッサから「男」がポップされ、整列スタックにプッシュされる。

(1.2.5) 単文ジェネレータの状態層から内容を取り出してスタックにプッシュしたのち、状態層をクリアする。

(1.2.6) 格構造「賑やかな公園（で）男（が）女（を）不意に殴（る）」から「男（が）」を消去する。（バインダのプラン層に入力された「男」に添付されている交差ユニットの効果である。）

(1.2.7) バインダの状態層をクリアする。

(2) 格構造「賑やかな公園（で）女（を）不意に殴（る）」が単文ジェネレータのプラン層に入力される。

(2.1)「不意に殴・る」が単文ジェネレータの出力層に出力され、自立語出力「不意に殴」はバインダのプラン層に渡される。

(2.1.1) 単文ジェネレータの出力層から左シフト出力されて、「る」がコンプレッサの中間層に渡される。

(2.1.2) コンプレッサから「る」がポップされ、整列スタックにプッシュされる。

(2.1.3) 単文ジェネレータの出力層から左シフト出力されて、「不意に殴」がワンダラーコンプレッサの中間層に渡される。

(2.1.4) ワンダラーコンプレッサから「殴」がポップされ、整列スタックにプッシュされる。
(2.1.5) ワンダラーコンプレッサから「不意に」がポップされ、ワンダラーキューに移される。
(2.2)「女・を」が単文ジェネレータの出力層に出力され、自立語出力「女」はバインダのプラン層に渡される。
(2.2.1) 単文ジェネレータの出力層から左シフトされて、「を」がコンプレッサの中間層に渡される。
(2.2.2) コンプレッサから「を」がポップされ、整列スタックにプッシュされる。
(2.2.3) 単文ジェネレータの出力層から左シフト出力されて、「女」がコンプレッサの中間層に渡される。
(2.2.4) コンプレッサから「女」がポップされ、整列スタックにプッシュされる。
(2.2.5)「不意に」がワンダラーキューから取り出され、整列スタックにプッシュされる。
(2.2.6) バインダの状態層をクリアする。
(2.3)「賑やかな公園・で」が単文ジェネレータの出力層に出力され、自立語出力「賑やかな公園」はバインダのプラン層に渡される。
(2.3.1) 単文ジェネレータの出力層から左シフトされて、「で」がコンプレッサの中間層に渡される。
(2.3.2) コンプレッサから「で」がポップされ、整列スタックにプッシュされる。
(2.3.3) 単文ジェネレータの出力層から左シフト出力されて、「賑やかな公園」がコンプレッサの中間層に渡される。
(2.3.4) コンプレッサから「公園」がポップされ、整列スタックにプッシュされる。
(2.3.5) コンプレッサから「賑やかな」がポップされ、整列スタックにプッシュされる。
(2.3.6) 単文ジェネレータの状態層の内容をスタックにプッシュしたのち、状態層をクリアする。
(2.3.7) 格構造「子供達（が）賑やかな公園（で）無邪気に遊（ぶ）から「賑やかや公園（で）」を消去する。（バインダのプラン層に入力された「賑やかな公園」に添付されている交差ユニットの効果である。）
(2.3.8) バインダの状態層をクリアする。
(3) 格構造「子供達（が）無邪気に遊（ぶ）」が単文ジェネレータのプラン層に入力される。
(3.1)「無邪気に遊・ぶ」が単文ジェネレータの出力層に出力され、自立語出力「無邪気に遊」はバインダのプラン層に渡される。

(3.1.1) 単文ジェネレータの出力層から左シフト出力されて、「ぶ」がコンプレッサの中間層に渡される。

(3.1.2) コンプレッサから「ぶ」がポップされ、整列スタックにプッシュされる。

(3.1.3) 単文ジェネレータの出力層から左シフト出力されて、「無邪気に遊」がワンダラーコンプレッサの中間層に渡される。

(3.1.4) ワンダラーコンプレッサから「遊」がポップされ、整列スタックにプッシュされる。

(3.1.5) ワンダラーコンプレッサから「無邪気に」がポップされ、ワンダラーキューに移される。

(3.2)「子供達・が」が単文ジェネレータの出力層に出力され、自立語出力「子供達」はバインダのプラン層に渡される。

(3.2.1) 単文ジェネレータの出力層から左シフトされて、「が」がコンプレッサの中間層に渡される。

(3.2.2) コンプレッサから「が」がポップされ、整列スタックにプッシュされる。

(3.2.3) 単文ジェネレータの出力層から左シフト出力されて、「子供達」がコンプレッサの中間層に渡される。

(3.2.4) コンプレッサから「子供達」がポップされ、整列スタックにプッシュされる。

(3.2.5)「無邪気に」がワンダラーキューから取り出され、整列スタックにプッシュされる。

(3.2.6) バインダの状態層をクリアする。

(3.3)「*」が単文ジェネレータの出力層自立語出力に出力され、バインダのプラン層に渡される。

(3.3.1) 格構造「賑やかな公園（で）女（を）不意に殴（る）」を単文ジェネレータのプラン層に入力し、またスタックからポップしたものを単文ジェネレータの状態層に入力する。

(3.3.2) バインダの状態層をクリアする。

(4)

(4.1)「*」が単文ジェネレータの出力層自立語出力に出力されて、バインダのプラン層に渡される。

(4.1.1) 格構造「私（は）男（を）見（た）」を単文ジェネレータのプラン層に入力し、またスタックからポップしたものを単文ジェネレータの状態層に入力する。

(4.1.2) バインダの状態層をクリアする。

(5)

(5.1)「私・は」が単文ジェネレータの出力層に出力され、自立語出力「私」はバインダのプラン層に渡される。
(5.1.1) 単文ジェネレータの出力層から左シフト出力されて、「は」がコンプレッサの中間層に渡される。
(5.1.2) コンプレッサから「は」がポップされ、整列スタックにプッシュされる。
(5.1.3) 単文ジェネレータの出力層から左シフト出力されて、「私」がコンプレッサの中間層に渡される。
(5.1.4) コンプレッサから「私」がポップされ、整列スタックにプッシュされる。
(5.2)「＊」が単文ジェネレータの出力層自立語出力に出力されて、バインダのプラン層に渡される。
(5.2.1) 単文ジェネレータのプラン層および状態層が空になる。
(5.2.2) バインダの状態層をクリアする。
(6)
(6.1) 単文ジェネレータの出力層自立語出力に」「！」が出力され、バインダのプラン層に渡される。
(6.1.1) 綴り生成をトリガーする。
(6.1.2) バインダの状態層をクリアする。

語順の制御

　日本文の生成にあたって、極めて大きい語順の自由度について考察する必要がある。節の内部において、統括成分が最後にくるのは厳格な制約であるが、その補足成分の間にはなんの制約もないように見える。しかし実際は発話に当たって語順は決定的であり、そこには語順を確定する確かなメカニズムが存在しなければならない。まず深層格構造において主題に指定されている補足成分は普通、格助詞「は」を伴って統括成分から一番遠くに位置付けされる。
　　　　　「彼は気分が良いとき鼻歌を歌う」
　　　　　「彼が鼻歌を歌うのは気分が良いとき」
　あとは統括成分と補足成分との関係であるが、その関係を統括成分の補足成分に対する求心力と補足成分の遠心力とで捉える。各補足成分に強調のパラメータを持たせて、すべての補足成分の値がニュートラルであれば、通常どおり重要度の高い補足成分から統括成分のより近くに位置付けされる。強調パラメータが＋であれば、他の補足成分や統括成分を修飾する連用修飾句・節と比較して統括成分からより遠くに位置付こうとする。－であれば逆により近くに位置付こうとする。
　　　　　「本を買いに神田へ行った」

「神田へ本を買いに行った」

ときには統括成分自身が強調されて、その連用修飾句・節に先行することがある。

「彼は早く走る」
「彼の走るのの速いこと」

主要部すなわち重要度の高い部分ほど後方にくるという日本語の特徴から考えて、強調するために語順で先行させるというメカニズムの存在は必然的である。また、連用修飾句・節がワンダラになるのはこの強調のメカニズムに翻弄されてのことである。

日本語複文のテンスは従属節のテンスが発話時基準でなく主節時基準になることが多く、英語のように時制（テンス）の一致がない。

「彼女は僕を愛している、と思っていた」

本稿の日本語複文生成システムでは、従属節のテンスが主節時基準であることを深層格構造表現のレベルから必要としている。このことは、日本人が思考のレベルでこのような自在な時点の移動を行っていると仮定せざるを得ないことを意味するのだが、真偽のほどは明らかでない。聴者基準の視点の移動についても同様である。

「おじさんは僕が大好きだよ」

3・4 結論

本稿では、ニューロマルチネットシステムで構成された日本語複文解析・生成システムの動作を詳細に述べ、構成要素の各モジュールがどのようなタスクを学習すればよいかを明らかにした。解析部については、以前に、本稿で紹介したシステムを簡略化したシステムで実験データを得ている。単文パーサ、セグメンタ、スタックＡだけのシステムを、名詞13個、動詞9個、格助詞4個、助動詞2個を使って作られた埋め込みレベル1の複文514文を学習文として訓練した。ただし本稿で紹介した手続きのように1つの複文を入力している間でもこまめにセグメンタの状態層をクリアすることはしていない。そうすることによってセグメンタのタスクはより楽なものになるはずである。システムを訓練する方法には多くのバリエーションが考えられるが、ここでは大まかな区別として2通りの学習方式の比較実験を行った。個々の学習文に対してすべてのモジュールを同期して学習させる方式と、個々のモジュールを別々に学習させて後で統合する方式とで訓練したところ、同期学習方式の方が正解率が高かった。埋め込みレベル

1 の複文 221 文をテスト文として正解率を調べると、同期学習方式で 97.3%、個別学習方式で 74.2%、であった。埋め込みレベル 2 の複文 1041 文をテスト文とすると、同期学習方式で 92.2%、個別学習方式で 56.3% であった。

　図 3・3・1 において、単文パーサは単文の単語系列を入力されその格構造を出力する。学習は教師あり学習で入力される単文の格構造を学習データとして用意しなければならない。真性のコネクショニストのこだわりはこんなところにあるのであろう。次単語予測学習においては用意すべき学習データは文のあつまりでよい。これは言語環境だけと見なせるので、次単語予測学習は自己組織化システムとみなせる。コネクショニスト単文パーサの場合は、格構造の教師データを作為的に用意しなければならないから、これを自己組織化システムだとはいえない。しかしこの格構造が脳の他の知覚・認識システムによって獲得された認知マップだとすれば、この単文パーサは認知マップと言語とを連合させる機構と見なすことができ、自己組織化システムと言ってもよいことになる。

言語カラム仮説

　最後にコネクショニスト自然言語処理システムのスケーラビリティ (scalabillity) について言及しておきたい。われわれ人の脳は小さな世界をたくさん並立させることによって全体の世界像を作り上げている。その小さな世界の一つひとつを言語で表現する言語カラムが存在すると仮定する。言語カラムは文解析システムや文生成システムはもとより言語機能に必要とされるすべてのサブシステムを含む。他のサブシステムも本稿で紹介したような方法で構築する。これをモジュラ (modular) アプローチと呼ぶ。言語カラムの並立システムの構築はアンサンブル (ensemble) アプローチと呼べるだろう。並立する言語カラムは WTA (winner take all) ネットで結ばれていて、並列分散処理のあと唯一つのカラムが生き残る。ちなみに多義語は並立する言語カラムから必然的に発生するものである。言語カラムを構成するニューロンユニット数を数千のオーダーとしよう。大脳皮質のニューロンユニット数が百億のオーダーで言語野はその十分の一だとすると、言語カラムの数は百万のオーダーである。百万個の言語カラムアンサンブルはまさにスーパー PDP システムであって人の言語能力を実現するものとして蓋然性がある。

　モジュラアプローチとアンサンブルアプローチとを駆使したマルチネットシステムの構築、これがコネクショニスト自然言語処理の方法である。そのとき、認知マップかあるいはそれと直接繋がるものと考えた格構造パイルはいわゆる隠されたもの (hidden layer) であることを考えれば、自然言語処理システムとして自己充足性を満たすため文解析システムと文生成システムとは同時に構築すべ

きものだと言える。さらに言語と行動の連合を考えるときは、「自己」の概念として対他的自己と対自的自己を区別して、それらのサブシンボル表現を、前者は認識の客体として知覚野内の連合に使い、後者は運動主体として知覚野と運動野の連合に使うものとする。

本研究の成果は次の通りである。

1) コネクショニズム・サブシンボリックパラダイムに基づいて日本文を理解・産出する内語過程のモデルを示すことができた。

2) 産出過程における語順の制御も容易に表現できることを確認した。

3) 言語カラム仮説をモデル構築のための重要な作業仮説としたが、その帰結として、言葉のユニットアセンブリや言語カラムの規模からくる制約であり、またことばの多義性は言語カラムの並立システムに起因することなどがいえる。

4) このモデルを精緻化するために新たな日本語文法を構築する必要があるが、M. A. K. Halliday による systemic functional grammer（選択体系機能文法）がわれわれと同様の観点を持っていることに気付いた。われわれのモデルは、選択体系機能文法に基づく言語学と、脳科学との橋渡しをするものである。

参考文献

1) R. Miikkulainen : Subsymbolic Parsing of Embedded Structures, COJPUTATIONAL ARCHITECTURES NEURAL AND SYMBOLIC PROCESSES : A PERSPECTIVE ON THE STATE OF THE ART, ed. by R. Sun & L. A. Bookman, [Kluwer Academic Publishers, pp. 153-186, 1995.

2) M. H. Christiansen & N. Chater : Toward a Connectionist Model of Recursion in Linguistic Performance, COGNITIVE SCIENCE, VOL. 23 (2) , pp. 157-205, 1999.

3) M. Motoki, S. Watanabe & Y. Shimazu : Connectionist Parser for Japanese Simple Sentences, IIZUKA'98, proceedings of International Conference on Soft-computing, Vol. 2, pp. 598-601, 1998.

4) M. Motoki & Y. Shimazu : Connectionist Parser for Japanese Sentences with Embedded Clauses, ICONIP'98, Proceedings of International Conference on Neural Information Processing, Vol. 2, pp. 1138-1140, 1998.

5) 本木実、土持勝彦、嶋津好生：コネクショニスト日本文解析モジュールの構築、九州産業大学工学部研究報告、pp. 231-238、1998.

8) M. Motoki & Y. Shimazu : Connectionist Models for Parsing and Generating Japanese Complex Sentences, Proceedings of the Second International Conference on Cognitive Science, pp. 982-985, 1999.

9) M. Motoki & Y. Shimazu : Performance of Structural Generalization in Connectionist Japanese Complex Sentence Parser, NLPRS'99, Proceedings of the First Workshop on NLP & NN, pp. 14-23, 1999.

10) 本木、嶋津：コネクショニストモデルを用いた日本語複文解析システムの構築、九州産業大学工学部研究報告、第36号、pp. 103-110、1999.
11) 本木、嶋津、高橋：階層型ニューラルネットによる深層格解析、情報処理学会論文誌、Vol. 41、No. 10、pp. 2852-2862、2000.
12) 嶋津：コネクショニスト自然言語処理の方法、九州産業大学工学部研究報告、第37号、pp. 115-122、2000.
13) 本木、嶋津：コネクショニスト日本語複文解析システムー学習方式に関する検討ー、九州産業大学工学部研究報告、第37号、pp. 123-132、2000.
14) 嶋津：コネクショニストの自然言語処理、情報処理学会研究報告、2001-NL-141、pp45-50、2001.
15) N. Takahashi, M. Motoki, Y. Shimazu, T. Tomiura & T. Hitaka : PP-Ambiguity Resoluthion Using a Neural Network with Modified FGREP Method, NLPRS'01, Proceedings of the Second Workshop on NLP & NN, pp. 1-7, 2001.
16) 嶋津：日本語複文生成のコネクショニストモデル、九州産業大学工学部研究報告、第38号、pp. 67-74、2001.
17) 嶋津：ニューロマルチネットシステムによる日本語修飾ー被修飾関係複文の解析と生成、電子情報通信学会技術研究報告、信学技報　Vol. 101、No. 615、pp. 25-32、2002.

第4章 計算論的神経科学から見て日本語の統語を再考する

4・1 序論

　日本語に＜主語＞＋＜述語＞という統語規則が必要か否か、賛否両論いまだに決着が着いていない[1]．月本は日本語の場合語彙の母音依存性が高いことを根拠にこの問題を論じている[2]。ここでは、月本理論の論評を行う代わりに、言語理解のコネクショニストモデルを背景にして独自に論考を試みる。

4・2 日本語と英語の構文比較対照

有間皇子の自ら傷みて松が枝を結べる歌

磐代の浜松が枝を引き結び真幸くあらばまた還り見む

By Prince Arima, written in sorrow
As he tied the branches of a pine tree in a prayer for safty.
I draw and tie together
branches of the pine
on the beach at Iwashiro.
If all goes well
I shall return to see them again.

磐代の浜松の枝を結びあわせて無事を祈るが、もし命あって帰路に通ることがあれば、ああ、ふたたび見ることができるだろう。

　万葉集から和歌を一首とその英語訳を引用し、これを例文として日本語の文法を考えてみたい。この例で、たとえば英語にある主語や人称代名詞が日本語には確かにない。
　日本語の統語論は大方の日本人にあまり意識されることがない。学校で教えら

れる文法とはいかなるものなのか。日本語学校文法の成立については、金谷武洋の著書に詳しい。明治24年、大槻文彦が国語辞典「言海」を出版した。その巻頭に「語法指南」が載せられている。そののちこの「語法指南」に改訂を加えて「広日本文典」を著した。大槻はその文章論をウェブスター英語辞典に掲載の英文法に準拠している。これは品詞論が中心で、たとえば日本語に人称代名詞が存在するなどとしている。また規範文法として「文は主語と説明語よりなる」という有名なテーゼが明記されている。これが日本の初代学校文法として採択された。その後1935年に大槻文法に代わって橋本進吉の理論が第二世代学校文法に採択されたが、「主語」の定義が意味論的に拡張され、「説明語」が「述語」と改名されてはいるが「主語」は依然として生き残っている。

　英語の形態素は孤立していて、形態素どうしが膠着して新しい形態素を構成することは少ない。また英語のセンテンスには基本文型がある。

SV　SVC　SVO　SVOO　SVOC

　センテンスの中の形態素は、Sの位置を起点とする形態素順列の中の順位によって、その構文論的意味論的機能が定まる。すなわち、一番目の形態素は一番目であるが故にSの機能を果たし、二番目の形態素は二番目であるが故にVの機能を果たす。基本文型に則った形態素連結車輛の、名詞が入っていないSやOの空車輛を表示するために人称代名詞が創成された。

　英語の場合は、旧情報が了解済みであるにも拘わらず、SやOを人称代名詞I, themで言表しなければならない。新情報－shall return to see－again が車輛V－Cの乗客であることを示すのに欠かせないのである。英語では、形態素の機能が語順で決まる。したがって語順の起点となる主語の設定は絶対に欠かせない。すべての形態素の、主語を起点とする絶対的語順を維持するために人称代名詞も欠かせない。Vの空車輛も同様で、代動詞doを必要とする。

　日本語の形態素は「詞」と「辞」に分類される。詞には名詞、動詞、形容詞、形容動詞などがある。辞には助詞や助動詞などがある。また、形態素どうしが膠着して容易に新しい形態素が作られる。とくに、詞にうしろから辞が膠着した成分は文の中で構文論的意味論的機能を果たす。一つの文は一つの統括成分と複数の補足成分とからなる。一つの統括成分がその前にいくつかの補足成分を随伴させて文を構成する。統括成分を構成する詞は動詞、名詞、形容詞、いずれでもよい。補足成分は名詞と格助詞によって構成される。

　改めて上記の和歌を見てみよう。下句の後半に一つの文があり、誰が、何を、どうするということが表現されている。「誰が、何を」については上句に言表されていて、歌の読み手と聞き手に共通して了解済みである。日本語では、旧情報「誰が何を」については言表する必要はなく、したがって新情報「また―還り見―む」

だけが言表されている。動詞「還り見」に膠着した動辞「む」によって、言表された新情報の構文論的意味論的機能が示される。

日本語では、すべての詞に辞が膠着して詞の機能を標示する。すなわち、すべての車輛に辞によって機能が標示されるので、各車輛の機能を示すために空車輛を含めた連結車輛を維持する必要がない。新情報を、詞と辞で構成される成分で表示するだけでよい。また補足成分の語順は制約なく自由である。したがって日本語には主語も人称代名詞もいらない。

借り物でなく日本語に相応しい固有の統語論を展開することによって明晰な日英語対照研究が可能になる。

英語形態素の孤立性によって英文は分かち書きが可能であるが、日本語の場合は形態素の膠着性によって独立した形態素に分ける試みに意味がなく、日本文は分かち書きをしない。

複文を構成するとき、英語の場合は関係代名詞や関係副詞が必要であるが、日本語の場合は統括成分の存在が一つひとつの文の存在とその位置を明示するので必要でない。

4・3 コネクショニスト複文パーサ

日本語があって日本人の脳の働きがあり、日本人の脳の働きがあって日本語がある。どちらが原因でどちらが結果だという訳ではなく、互いに相手の進化の方向付けを行い合う関係である。

図4・3・1と図4・3・2にそれぞれ日本語と英語の場合の、複文パーサのニューラルネットワークアーキテクチャ JSPAC[4) 5)] と SPEC[6)] を示す。いずれの場合もパーサ、セグメンタ、スタックという三つのモジュールから成り、直列処理で相互に情報をやりとりする。ウェルニッケ野ではこのような複文パーサが無数にあって並列分散処理が行われている。セグメンタは複文を単文に切り分け、パーサが単文を格構造に変換する。スタックはセグメンタやパーサの作業の途中結果を保存する。日本語の複文パーサでは、その語彙の膠着性に対応して、コンプレッサモジュール[4)] が加えられている。JSPAC、SPEC両方とも、パーサはエルマンシンプルリカレントネットで、スタックはリカーシブ自己相関メモリで構成される。セグメンタは、SPECでは普通の階層型ネットであるが、JSPACではそれにジョウダンシンプルリカレントネットが付加されている。

主文と埋め込み文との関係は再帰的であるから、主文と最初の埋め込み文だけの複文で格構造解析の可能性を示せば、何段にも深くなった入れ子構造の複文も

その可能性が保証される。

4・3・1 JSPAC の働き

「天神で買った本を読んでいる。」を JSPAC で格構造解析する。

「天神」から始まって「で」、「買っ」、「た」と次々にセグメンタに入力される。各単語が入力される度にスタックにプッシュされてそれまで入力された語列が圧縮され、セグメンタの入力となっている。したがって、次の「本」が入力されたとき、セグメンタの入力層には「天神で買った」の圧縮情報が示されていることになる。

ここで、セグメンタは入力層をそのまま凍結し、モジュール間のアセンブリパターン伝達のための時系列制御信号を出力する。このとき統括成分「買った」の働きが大きい。その結果、スタックから次々にポップされてパーサの入力層に「買った」、「天神で」と、この順番で（詞＋辞）の情報が与えられる。その都度、パーサはそれぞれの辞の働きによって「買っ」、「天神」をこの順番で出力層のそれぞれの格スロットに割り付ける。これで埋め込み文の格構造アセンブリパターンが作られたことになる。辞は役割を終えて姿を消し、詞のアセンブリパターンが所定の位置に転送されたことになる。埋め込み文の格構造パターンを外へ取り出す。このあとセグメンタ入力層に凍結されていた「本」から始めて、セグメン

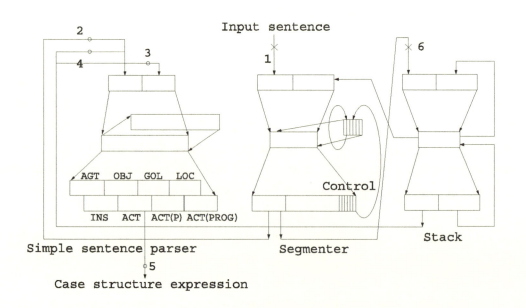

図 4・3・1　日本語複文パーサ JSPAC

タに入力される「を」、「読ん」、「でいる」が次々にスタックにプッシュされる。そして次の「。」が入力されたとき、セグメンタの入力層には「本を読んでいる」の圧縮情報が示されている。セグメンタは入力層をそのまま凍結し、モジュール間のアセンブリパターン伝達のための時系列制御信号を出力する。このとき統括成分「読んでいる」の働きが大きい。その結果、スタックから次々にポップされてパーサの入力層に「読んでいる」、「本を」とこの順番で（詞＋辞）の情報が与えられる。その都度、パーサはそれぞれの辞の働きによって「読ん」、「本」をこの順番で出力層のそれぞれの格スロットに割り付ける。これで主文の格構造アセンブリパターンが作られた。主文の格構造パターンを外へ取り出す。

4・3・2 SPEC の働き

The girl saw the boy who chased a cat. を SPEC で格構造解析する。

The girl がパーサに、次の単語 saw がセグメンタに入力される。すぐさま The girl がパーサ出力層の所定の格スロットに割り付けられる。続いて saw がパーサに、次の単語 The boy がセグメンタに入力される。The boy が所定の格スロットに割り付けられる。続いて、The boy がパーサに、who がセグメンタに入力される。The boy が所定の格スロットに割り付けられるが、ここで同時にセグメンタがモジュール間アセンブリパターン伝達制御信号を出力して、パー

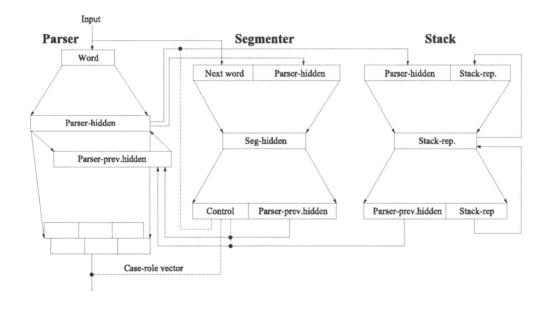

図 4・3・2　英語複文パーサ SPEC

サの中間層の活性値パターンをスタックにプッシュして、状態層をニュートラルにする。これは埋め込み文の格構造解析に移行するに当たって、主文の格構造解析がまだ完了していないので、パーサの作業途中の状態を保存しておくためである。これは関係代名詞 who の働きである。続いて who がパーサに、chased がセグメンタに入力される。Agent 格スロットに the boy が割り付けられる。続いて、chased がパーサに、a cat がセグメンタに入力される。Chased が所定の格スロットに割り付けられる。続いて、a cat がパーサに、ピリオドがセグメンタに入力される。このピリオドは本来主文の終わりを示すのであるが、この場合は特別でその前に埋め込み文の終わりを示すことになった。セグメンタの発するアセンブリパターン伝達制御信号によって、まず、現在パーサ出力層に出ている埋め込み文の格構造パターンを外へ取り出す。続いて、スタックからポップしてパーサ状態層に送る。最後にピリオドをパーサを入力し、パーサ出力層に出た主文の格構造パターンを外へ取り出す。

4・4　結論

　英語の場合、パーサに入力される語順によって格の割付けを行うのでパーサのエルマンエットによる時系列学習に負担が掛かる。セグメンタによる単文への切り分けは、関係代名詞などのマーカの存在によって負担が軽い。一方、日本語の場合、セグメンタの入力層には概念語と機能語がペアで入力され、機能語の働きで概念語を格に割り付けていて、時系列学習の負担は軽微である。その代わりセグメンタへの負担が大きい。脳のウェルニッケ野の働きによって、日本語には主語も人称代名詞もいらないように方向付けられている。

参考文献
1) 金谷武洋：日本語に主語はいらない―百年の誤謬を正す、講談社選書メチエ230、2002.
2) 月本洋：日本人の脳に主語はいらない、講談社選書メチエ410、2008.
3) リービ英雄：万葉集、ピエ・ブックス、2002.
4) 嶋津好生、本木実：コネクショニスト日本語理解システムにおける文解析と文生成、九州産業大学共同研究成果報告書、pp.1-16、2002.
5) M. Motoki & Y. Shimazu : Performance of Structural Generalization in Connectionist Japanese Complex Sentence Parser, Proceeding of Conference on Neural Information Processing, pp.14-23, 1998.

6) R. Miikkulainen : Subsymbolic Parsing of Embedded Structures, in COMPUTATIONAL ARCHITECTURES INTEGRATNG NEURAL AND SYMBOLIC PROCESSES, A Perspective on the State of the Art, edited by R. Sun & L. A. Bookman, pp.153-186, KLUWER ACADEMIC PUBLISHER, 1995.

Rethinking Japanese Syntax from a Point of View of the Computational Neuroscience

Abstract: Whether is the construction of <Subject> + <Predicate> necessary or not in Japanese syntax? The syntax is a result of co-evolution of language and brain. We conclude that Japanese syntax does not necessitate <subject> and <Personal Pro-noun>, by examining both models, respectively for Japanese and English, that parse a complex sentence and transform it to a set of case structures.

Key words: JSPAC Japanese parsing neural network architecture, SPEC English parsing neural network architecture, Elman's simple recurrent network, Jordan's simple recurrent network, recursive auto-associative memory, complex sentence, word order, function words

第5章 ミラーニューロンを解釈する人工神経回路網モデル

5・1 序論

　日本語の理解・産出のニューラルネットワークモデルを構築する過程において、知覚・運動野における概念形成のしくみを考えているとき、必然的に、離れた部位にある複数の特徴地図に掛け渡るホップフィールドネットの存在を仮定せざるを得なかった[1)2)]。また、意識のメカニズムを考えているとき、拡張網様体賦活系にある神経核の働きがきわめて重要であることに気付いた[3)4)]。短期記憶を長期記憶に定着するのに海馬が関わっていることなどを考え合わせると、大脳皮質の互いに離れた部位にある複数の特徴地図に掛け渡るホップフィールドネットとは、拡張網様体賦活系にある神経核の働きらしい。

5・2 ミラーニューロンシステム

　ミラーニューロンとは、自分が行為を行うときにも、その同じ行為を他者が行うのをただ眺めているときにも、同様に活性化する運動野のニューロンのことで、1990年代初頭イタリア、パルマ大学のジャコモ・リゾラッティを中心とする神経生理学者のチームによって発見された。
　リゾラッティたちはマカクサルを使って脳に針電極を刺し込み電位を測ることによって、ニューロン一つひとつの活性状態を調べた。脳の頂上の横方向に中心溝があって前頭葉と頭頂葉との境界となっているが、運動野は前頭葉の後部、つまり中心溝に近いところに位置している。サルを訓練して、手を伸ばして物をつかむとか、食べ物を口にはこぶとか、簡単な行為ができるようにして、そのときの運動野ニューロンの電位を測った。
　ジャコモ・リゾラッティ本人が書いた本があり、紀伊國屋書店から邦訳が出ている[5)]。
　ミラーニューロンの背景には、いくつかの他の現象を説明する共通のメカニズムが存在する。リゾラッティたちに見えていないものを指摘し、そのメカニズムを明らかにしたい。すなわち、運動野内部で表象されている運動語彙の大きさによ

る階層性や大脳皮質全領野に渡って働く拡張網様体賦活系の統合機能にリゾラッティたちは気付いていない。ここで、われわれは脳のどの領野にも遍在する統合学習システムを提案する。このシステムによってもたらされる同一の視点から、従来問題にされてきた、気付きや意識の正体、視覚系の結合問題、そしてリゾラッティたちが発見した運動野のカノニカルニューロンやミラーニューロン、コミュニケーションニューロンのメカニズムが説明できる。

運動野は、第一次運動野（F1）、運動野（F2〜F5）、運動前野（F6,F7）と普通三つに分けて考える。運動野は頭頂葉から情報を受ける。たとえば F4 は VIP から、F5 は AIP や PF/PFG から情報を受ける。VIP や AIP は視覚と体性感覚とを統合しバイモーダル感覚情報を作る。身体各部位に固定した動座標に基づき身体各部位の近傍空間地図を作る。これを近位空間と呼ぶ。これと対照的に、急速眼球運動の制御を行う前頭眼野 FEF と外側頭頂間野 LIP とは、対象を網膜の中心で捉え網膜座標を作る。これを遠位空間と呼ぶ。運動前野は前頭葉前部や帯状回から情報を受ける。感覚情報はほとんど受けとらない。

運動野 F4 のニューロンは腕や首、顔の運動パターンを表象する。伸ばすとか、ひねるとか、はこぶとかの運動語彙に相当する。運動野 F5 のニューロンは手や口の運動パターンを表象する。つかむとか、持つとか、引き裂くとかの運動語彙に相当する。運動前野 F6 のニューロンは、たとえば摂食行為など、行為の目的や意図を表象する。摂食行為は、食べ物を見て、手を伸ばし（F5），掴み（F4），口へはこび（F5）、咀嚼する（F4）というように、下位の運動語彙の時系列で実行される。

手が掴む運動をするとき、しかも掴む対象物が特定の形状をしているときのみ発火するニューロンが、運動野 F4 に存在する。この対象物をただ見ているだけのときもこのニューロンは発火した。リゾラッティたちはこのようなニューロンをカノニカルニューロンと呼んでいる。感覚と運動を統合するメカニズムの存在を窺わせる。

ある行為をしているときに発火するニューロンが、その同じ行為を他者がしているのをただ見ているだけで発火した。このようなニューロンをミラーニューロンと呼ぶ。

唇を打ち鳴らす、あるいは突き出す行為は対象物のない自動詞的行為である。このような行為をコミュニケーション行為といい、この行為で発火するニューロンをコミュニケーションユーロンと呼んでいる。コミュニケーションユーロンもミラーニューロンである。まだ摂食行為から明確に分離していないが、言語の萌芽として注目される。

第5章　ミラーニューロンを解釈する人工神経回路網モデル

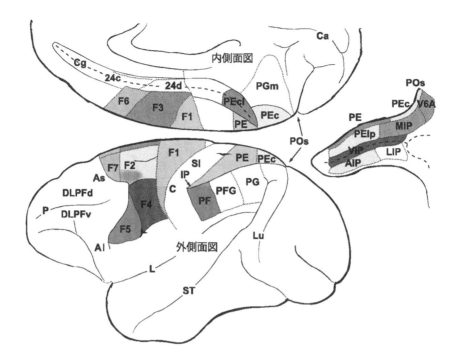

図5・2・1　サルの脳の運動野と頭頂間野、各部位の名称

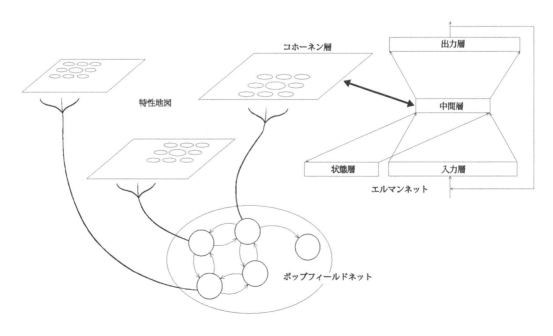

図5・3・1　脳内統合学習システム（ILSIB）の人工神経回路網モデル

5・3 脳内統合学習システム (ILSIB)

5・3・1 リカレントネットワーク

相互結合型のニューラルネットワーク、すなわちリカレントネットワーク
（I, O, H）
を考える。ここでI、O、Hはいずれもニューロンの集合である。それぞれに含まれるニューロンはただ発火することにおいて共通していて性質はなんら変わるところはない。個々のニューロンにしてみれば、自分の発火が外部からの入力情報として使われようが、外部への出力情報として使われようが、あるいはまた、なんらかのパターン表象として使われようが関知しないが、より広いネットワークの中で境界を設けると、外部との関係から、入力ニューロン、出力ニューロン、パターン表象ニューロンなどの役割が生じる。それぞれの集合をI、O、Hと表現した。

前頭葉と頭頂葉の結合によってミラーニューロンシステムが形成されている。運動野の各部位に対応して一つずつリカレントネットワークを考える。たとえば、
　　F4 → H, VIP → I, F1 → O
として一つのリカレントネットワークを考える。また、
　　F5 → H, {AIP, PF/PFG} → I, F1 → O
として一つのリカレントネットワークを考える。

I	O	H
46d, 8B	F2〜F5	F7腹側部
24c, 8B, 12	F2〜F5	F7SEF
24c, 46d, 46v	F2〜F5	F6
AIP, PF/PFG	F1	F5
VIP	F1	F4
PEcl	F1	F3
PEc, PEIp	F1	F2d
MIP, V6A	F1	F2vr
PE, S1	椎弓板	F1

5・3・2 リカレントネットワークの簡単化

　リカレントネットワークは入出力の時系列パターンを学習し記憶する。しかし一般のリカレントネットワークの学習アルゴリズムがまだ明らかにされていないので、リカレントネットワークを階層型のネットワークに簡単化して、既存の学習アルゴリズムが適用できるようにする。シンプルリカレントネットワークの一つであるエルマンネットを採用した。

　エルマンネット

　(X, Y, M, S)

は、入力層X、出力層Y、中間層M、状態層Sを持つ階層型のネットワークであり、状態層Sは入力層Xと同じ階層に位置づけされて、ある時刻の中間層Mの活性パターンが次の時刻の状態層Sにコピーされる形でフィードバック経路が設けられている。リカレントネットワークはエルマンネットと次のように対応している。

　$\{I(t), O(t)\} \rightarrow X(t)$

　$\{I(t+1), O(t+1)\} \rightarrow Y(t)$

　$H(t) \rightarrow M(t)$

　$H(t+1) \rightarrow S(t)$

　動的表象である時系列

　$\{X(t) | t = 1 \sim n\}$

　すなわち

　$\{I(t), O(t) | t = 1 \sim n\}$

を代表して、M(0)すなわちH(0)がそれを静的に表象する。M(0)は特性地図に写像される。たとえば、時系列

　$\{X(t) | i = 1, 2, 3\}$

をエルマンネットに予測学習させた結果、次のように動作する。

時刻t	0	1	2	3	4	・
入力層		X(1)	X(2)	X(3)	X(1)	・
出力層	Y(0)	Y(1)	Y(2)	Y(3)	Y(1)	・
中間層	M(0)	M(1)	M(2)	M(3)	M(1)	・
状態層		S(1)	S(2)	S(3)	S(1)	・

上位の表象が下位の表象に解釈される過程がこれである。

ある時系列

$\{X(t) | t = 1 \sim n\}$

をエルマンネットに学習記憶させるには、系列のある時刻の要素 X(t) が入力層に入力されると、出力層に系列の次の時刻の要素 X(t+1) が出力されるように、誤差逆伝搬学習アルゴリズムによって訓練する。系列はリング状に繋いで繰り返し学習させる。これをエルマンネットによる予測学習という。

Y (t) = X (t+1),
Y (n) = X (1)
M (t) = S (t+1),
M (n) = S (1)

5・3・3 ホップフィールドネットの短期記憶とリカレントネットワークの長期記憶

下位の互いに懸け離れた表象同士が統合されるメカニズムは、下位のリカレントネットワークから提供される入出力情報を使って上位の表象を形成記憶する上位のリカレントネットワークの働きである。

拡張網様体賦活系の神経核のモデルをホップフィールドネットとする。複数のコホーネン層に対して、神経核すなわちホップフィールドネットの各ニューロンが瀰漫的に軸索を伸ばしている。先行してホップフィールドネットがある活性パターンを示していれば、複数のコホーネン層のそれぞれの勝利ニューロンとホップフィールドネットの活性ニューロンとの間で連合が成立する。すなわちホップフィールドネットがその時の特性地図群の活性パターンを瞬時に記銘することになる。複数の特性地図に架け渡るホップフィールドネットに記銘された活性パターンの時系列、これが短期記憶のメカニズムである。コホーネン層からの逆写像によって得られる M (0) すなわち H (0) が上位のリカレントネットワークの入出力情報を提供する。短期記憶の続く限り何時でも幾度でも想起して特性地図を活性化し、エルマンネットの予測学習によって長期記憶に定着することができる。

5・3・4 ホップフィールドネットの情報補完機能

ホップフィールドネットはランダムな活性状態から動的に記銘パターンに収束する性質があるので、ノイズからでも記銘パターンを想起するし、不完全な入力情報からでも補完して完全な記銘パターンを想起できる。ホップフィールドネッ

トの入力情報補完機能の援けを借りて、リカレントネットワークは、求心情報すなわち入力ニューロン集合Iの活性パターンから遠心情報すなわち出力ニューロン集合Oの活性パターンを補完する。行為のときも認識のときも共通の求心情報を受けている。認識のとき、求心情報を共有するが故に行為の遠心情報をも直截に活性化する。これがミラーニューロンシステムのメカニズムである。

5・4 結論

本稿で提唱した脳内統合学習システムのモデルはいくつかの現象を共通して説明できる原理として蓋然性が高い。

G. M. エーデルマンが神経細胞群淘汰説を唱え、それに基づいて再認オートマトンを創っている。彼のNOMADは、スーパーコンピュータN-CUBEで脳と神経系をシミュレートし淘汰原理ではたらく認識機械である。先行き、意識あるアーティファクトの創造をめざしているという[6]。われわれもこれまでの考察をベースにそろそろ彼と同じ試みを始めてもよい頃だと思う。

参考文献

1) 嶋津好生、本木実:コネクショニスト日本語理解システムにおける文解析と文生成、平成13年度九州産業大学共同研究成果報告書、pp. 1-16、2002.
2) 嶋津好生:意味ネットワークの神経回路網モデル、九州産業大学工学部研究報告、第42号、pp. 87-90、2005.
3) ベンジャミン・リベット著、下條信輔訳:マインド・タイム―脳と意識の時間、岩波書店、2005.
4) 嶋津好生:神経科学によって主観的経験を解釈する、九州産業大学工学部研究報告、第44号、pp. 23-28、2007.
5) ジャコモ・リゾラッティ&コラド・シニガリア著、柴田裕之訳:ミラーニューロン、紀伊國屋書店、2009.
6) G. M. エーデルマン著、金子隆芳訳:脳から心へ―心の進化の生物学、新曜社、1995.

Artificial Neural Network Model Interpreting Mirror Neuron

Abstract : We propose an artificial neural network model that explains the mechanism of mirror neuron. We call it the integration-learning system in brain (ILSIB).

Keyword : mirror neuron, Elman net, Kohonen feature map, Hopfield net

あとがき

　大学の教師として、論理設計とコンピュータ・アーキテクチャの講義を長らく担当してきた。そこで、システムを構成するため、重層的にシステム設計を繰り返して積み重ねていくという技法を身につけた。構成的に脳の働きをあるていど理解することが出来たのはそのおかげだと思う。

　シリーズ「〈はたらくことば〉の科学」は、物質と精神の統合、科学と宗教の統合など、心身問題に対するわたしの考えを纏めたものである。原稿の初出はほとんど研究論文であるが、立論の実証や論証が十分だと思えないので厳格な研究書として位置づけしたくない。自由な思索の書としたい。

　45才のとき九州大学に提出した学位論文から始まり、その後も続けて思索を重ねてきて、70才を過ぎた頃に漸くすべてが一つに統合され、それまで意識することができなかった重要な意味に気付いた。公表する義務を感じて本シリーズの上梓に踏み切った次第である。

　心身二元論を克服するのに〈からだ・ことば・こころ〉の三位一体論を展開している。詳しくはⅢ分冊を参照して頂きたい。本書の副題を「からだはことばをはらむ」とし、装丁にキリスト教の聖画〈受胎告知〉を採用した。その理由に少し言及しておきたい。

　イエス・キリストというできごとを表す三位（父・子・聖霊）を関係概念とみなし、実体を問わない。同様に〈からだ・ことば・こころ〉に対しても個々の実体は問わず、三者のうち二者どうしの関係として共進化・協働などを問題とする。

　Ｖ・Ｓ・ラマチャンドラン著　山下篤子訳　脳のなかの天使　角川書店

　言語の進化に関するラマチャンドランの考えが興味深い。「言語や抽象的思考の多数の諸面は、場当たり的な組み合わせによって新たな解決策を生みだした外適応を通して進化した」として、共感覚的ブートストラッピング説を称えている。言語の萌芽は手振りから共感覚的ブートストラッピングによって起こったという。これはことばとからだの共進化の端緒だといえる。

各分冊Ⅰ、Ⅱ、Ⅲの内容を、キリスト教の聖画や光の三原色になぞらえて象徴的に表現した。

Ⅰ　からだはことばをはらむ
　　聖霊〈受胎告知〉　青紫
Ⅱ　ことばがはたらき、こころをはぐくむ（ことばはこころの父である）
　　　父〈天地創造、神の顕現と祝福〉　赤
Ⅲ　からだはことばのはたらきによって、こころをやどし、はぐくむ
　　（こころは、からだを母とし、ことばを父とする）
　　　子〈キリストの降誕、三博士の来訪〉　緑
　　光の三原色は合わさって白色（光）となる。

II 分冊の内容紹介

II 〈意味〉の結合科学
　　概念ネットワークの賦活制御機構に関する研究
　　制御するのは、自然？神？自己？
　　ことばがはたらき、こころをはぐくむ

1　緒論
1・1　概念記憶システムの必要条件
1・2　意味ネットワークに対する評価
1・3　日常的知識に関する手続き的知識依存型推論批判
1・4　分配論理記憶の原理
2　活性化意味ネットワークモデル
2・1　目的
2・2　概説
3　活性化意味ネットワークの静態構造
3・1　諸定義
3・2　概念依存性理論の場合
3・3　構造認識規則
3・4　再帰的拡張節点の累積
4　活性化意味ネットワークの賦活動態
4・1　諸定義
4・2　因果関係連鎖の展開
4・3　概念化構造の累積
4・4　因果関係連鎖における賦活動態
4・5　知識の累積が不完全な場合
5　概念推論の分類とその形態論的検討
5・1　Rieger の概念推論
5・2　概念推論を構成する要素的賦活動態
6　賦活制御言語
6・1　賦活制御命令
6・2　賦活制御プログラム
7　ASN モデルの展開
7・1　コンピュータシミュレーションの方法
7・2　ASN モデルの適用範囲
7・3　対自的自己の概念について
7・4　連続的活性化量の拡散理論

Ⅲ 分冊の内容紹介

Ⅲ 〈からだ・ことば・こころ〉の三位一体論
　　　からだは、ことばのはたらきによって、こころをやどしはぐくむ

1　意識の正体
　　神経科学によって主観的経験を解釈する
1・1　序論
1・2　ベンジャミン・リベットの二つの実験
1・3　ニューラルネットワークモデルとブレインイメージングによる
　　　　知見との突き合わせ
1・4　リベットの実験を解釈する
1・5　結論
2　ロボットも神々の声を聴くだろうか？
　　ロボットが神々の声を聴くとき
2・1　序論
2・2　ことばの働きの発達・進化
2・3　二分心の時代
2・4　意識について
2・5　現代人のこころの空間
2・6　二分心の脳プロセス
2・7　結論
3　断章　宗教と物語、宗教の物語
　　ことばなる神、ことばが神か？
付記　物語の渉猟　獺祭の間（蔵書リスト）
　　　こころは物語の中に生きる

〈はたらくことば〉の科学　〈はたらくことば〉の神経科学

発行日　2016年1月15日　初版第1刷

編著者　嶋津　好生
発行者　東　　保司

発　行　所
櫂 歌 書 房

〒811-1365　福岡市南区皿山4丁目14-2
TEL 092-511-8111　FAX 092-511-6641
E-mail:e@touka.com　http://www.touka.com

発売所　　株式会社　星雲社
〒112-0012　東京都文京区大塚3-21-10